스피치 브레인

'말 머리'가 트여야
'공부 머리'가 트인다

스피치 브레인

* 이운정 지음 *

쌤앤파커스

저자가 15년간 스피치 교육에 전념해 온 경험을 오롯이 녹여서 만든 책이 드디어 세상에 나왔다. 공부 머리와 관련된 전두엽의 기능들을 스피치에 녹여내어, 메타인지까지 연결하는 노하우를 소개한 점이 기 도서와는 다르게 다가왔다. 무엇보다 아이를 키우는 엄마로서 항상 공부하고 연구하여 얻은 것이기에 부모가 자신을 위해 보아도 유익한 책이다.

* 노규식 박사(노규식공부두뇌연구원 원장, SBS 〈영재 발굴단〉 멘토)

말을 조리 있게 잘하는 문제는 우리 아이의 자존감과 직결되기에 모든 부모의 관심사다. 아이의 자존감을 길러주기 위한 다양한 방법이 있지만, 이 책은 우리 아이의 말 힘을 키워주는 다양한 사례와 방법들이 제시되어 있어 생활 속에서 하나씩 적용해

나갈 수 있다. 오랜 기간 방송에서 진행자로 활동해온 저자의 노하우가 아이의 자존감과 함께 부모의 자존감도 키워주길 기대해본다.

* 박유준 PD(EBS 〈부모〉 연출)

아나운서들은 흔히 말이 두뇌를 발달시킨다고 한다. 물을 길어야 계속 물이 솟아나는 우물처럼 말도 생각을 계속 뱉어내야 더 깊이 사고할 수 있다. 나와 함께 맛있는 스피치를 만들어 온 저자는 자신의 교육 경험을 깊이 있게 성찰해 이 책에 녹였다. 경험만큼 소중한 데이터는 없다. 12,000여 명의 스피치 데이터를 고스란히 담아낸 이 책을 통해 아이들이 실질적인 도움을 받을 수 있길 기원한다.

* 김현욱 아나운서(아나운서(주) 대표, 전 KBS 아나운서)

우리는 걷는 방법을 따로 배운 적이 없다. 누워만 있던 아이가 어느 순간 몸을 뒤집고 무릎으로 기다가 스스로 일어나게 된다. 말도 마찬가지다. 우리는 말하는 방법을 배운 적이 없다. 그저 수많은 단어를 반복해서 듣고, 따라 했을 뿐이다.

말을 잘하는 방법은 무엇일까? '잘하는 말'을 많이 '듣는 것'이다. 그래서 부모의 역할이 중요하다. 감정을 쏟아내는 단어들의 나열이 아니라, 소통을 위한 따뜻한 눈빛, 말투, 언어와 같은 것들이 아이의 말의 수준을 결정한다. 그리고 아이가 하는 말의 수준은 곧 아이의 자존감과 연결된다. 엄마의 마음으로 쓴 말 공부를 통해, 부모와 아이 모두 행복한 소통을 하게 되길 바란다.

* 이지애 아나운서(전 KBS 아나운서)

차례

프롤로그
'공부 머리'의 90%는 '말 머리'에서 온다!

"스피치 배운다고 성격까지 변하지는 않죠?"

상담하다 보면 이런 질문을 많이 받습니다. 자신 있게 답하자면, 변합니다. 스피치를 배우는 것은 곧 '스피치 브레인Speech Brain'을 깨워주는 과정이기 때문인데요.

스피치 브레인은 아이의 자존감을 위한 필수 요소입니다. 자존감이 올라간 아이가 당당한 성격으로 바뀌는 건 당연한 일이겠지요. 제가 그랬고, 저의 아들 둘이 그렇게 자랐고, 제가 가르친 아이들이 증명하고 있습니다.

11

아직도 기억나는 한 아이가 있는데요. 초등학교 5학년 때 처음 학원을 찾아온 남자아이였습니다. 짧은 설소대 때문에 발음이 새고, 말이 빠르고 급했지요. 아이는 1년 동안 집중 코칭을 받은 뒤 몰라보게 달라졌습니다. 이후에도 토론 대회나 중요한 발표, 면접이 있을 때마다 1대1 코칭을 받으러 학원을 찾아왔는데요. 발표 시간에 한마디도 제대로 못 하던 그 아이는 민족사관고등학교에 합격해, 문재인 대통령과의 대국민 토론에도 참석하는 인재로 자랐습니다.

이외에도 많은 아이들이 저를 만나고 '말 잘하는 아이'가 되었습니다. 명확한 진로가 없던 아이는 스포츠 캐스터라는 꿈을 갖게 되었고, 쭈뼛쭈뼛 수줍음 많던 아이는 연세대학교에 입학해 홍보모델로 활동하게 되었고, 말이 빨라 발음을 우물거리던 아이는 특목고에 진학했습니다. 그런 아이들을 보면 감회가 새롭지요.

그럼 이 아이들이 특출났던 걸까요? 아닙니다. 스피치 브레인을 깨워주기 전까진 지극히 평범한 아이들이었습니다. 심지어 저도 그랬지요. 사람들은 저에게 MBTI 유형에서 E(외향형)에 해당할 것 같다고 말합니다. 외향적이고 사람들 앞에 나서기를 좋아하는 것처럼 보인다고 말이죠. 하지만 저는 후천적 E 성향입니다. 여전히 내향형인 I가 절반은 차지하고요.

저는 '말 잘하는 아이'가 '소통할 줄 아는 아이'라고 생각합니다. 개정 교과가 시행된 이후, 학교 교육은 아이들이 이 세상을 살아가는 지식을 습득할 뿐만 아니라 그것을 활용하고 소통하는 것을 목표로 하고 있습니다. 예전에는 영단어를 100개 외우면 영어 시험에서 100점을 맞을 수 있었다면, 지금은 그 100개 외운 것을 외국인에게 설명할 수 있어야만 점수를 받을 수 있습니다. 대학교의 수업 방식이지요.

그 과정에서 아이들은 다른 사람과의 '소통'을 배우게 됩니다. 그 소통을 알게 되면, 기질은 변하지 않더라도 '사회생활'을 할 줄 알게 되는 것입니다. 단순히 반복하고 경험하는 것으로 끝나는 게 아니라, 다른 사람을 공감하는 능력, 내가 하고자 하는 말을 제한된 시간과 공간에 맞춰 조절할 줄 아는 능력, 내가 잘하고 있는지 끊임없이 되돌아보며 더 나은 모습으로 발전하는 능력을 갖추게 됩니다.

"원장님네 아이들은 어릴 때부터 잘했지요?"라는 말을 많이 듣습니다. 저는 이 질문에 100% "아닙니다."라고 대답할 수 있습니다. 올해 중학교 3학년인 첫째 승환이는 유치원 때 참관수업을 가면 단 한 번도 손들고 발표하지 않는 아이였습니다. 오죽하면 제가 "다른 사람들한테 엄마가 스피치 학원 원장이라고 말하지

마!"라고 할 정도로 소심하고, 다른 사람들 앞에서 말하기를 두려워했습니다.

하지만 지금 승환이는 초등학교 고학년 때부터 매년 학급 회장과 전교 임원을 하고, 동아리에서도 묵묵한 리더의 역할을 해내는 아이로 평가받고 있습니다. 그럼 승환이를 가르친 것처럼 다른 아이들도 가르치면 될까요? 당연히 그렇지 않습니다.

저는 천편일률적인 방법을 알려주고 싶지 않습니다. 세상에 같은 아이는 없습니다. 저의 아이들만 해도 성향이 다르지요. 처음엔 그게 무척 답답하고 힘들었습니다. 내 배로 낳은 자식들인데 너무 달랐으니까요.

둘째 지환이는 5살쯤 소통에 문제가 생길 정도로 말을 더듬어서 엉엉 울기까지 했습니다. 병원에서 완벽주의 강박증이라는 진단을 받았습니다. 아직 이중모음을 완벽하게 구사할 수 없는 나이인데, 이중모음을 완벽하게 구사하려고 하다 보니 자꾸 말을 더듬게 되는 거였죠.

둘째를 키우며 다시 육아를 공부했고, 스피치 학원을 찾는 아이들에게서 종종 볼 수 있는 ADHD, 함구증, 자폐 스펙트럼의 증상과 개선법들을 공부하기 시작했습니다. 그러다 보니 각각의 아이들 유형에 알맞은 '맞춤형 스피치'를 터득하게 되었습니다. 그 결과 그룹 수업이지만 각각의 아이들에게 맞는 방법으로 가르

쳤고, '말 머리'가 트인 아이들이 '공부 머리', '성공 머리'도 트인다는 것을 알게 되었습니다.

이 책에는 '스피치 브레인'을 깨우기 위해 꼭 필요한 소통의 원리와 방법들을 가득 담았습니다. 어쩌면 승환이, 지환이에게 다양한 방법을 시도하며 지금의 커리큘럼이 만들어졌는지도 모르겠습니다. 또 저의 아이랑은 다른, 12,000명이 넘는 아이들을 가르치며 얻은 노하우겠지요. 아이 개개인의 유형을 알고 접근한다면 더 쉽고 효율적으로 개선할 수 있습니다.

아이에게 물고기를 잡아주지 말고, 물고기를 낚는 법을 알려주세요. 저는 아이들이 조금 더 자신감 있게 세상을 경험하길 바랍니다. 스피치를 가르치며 아이들의 변화를 수없이 경험했고, 이 과정은 두뇌 훈련을 통한 '자기주도학습'을 익히는 것임을 알게 되었습니다. 아이들에게 이 능력은 곧 세상을 살아가는 기술이 되겠지요. 우리 아이도 변할 수 있습니다. 이 책이 모쪼록 아이들이 잘 써먹는 비법서가 되었으면 합니다.

Step 1.

스피치 브레인 깨우기

1
말하면서 발달하는 뇌

"아이가 자기 할 말만 하고
남의 얘길 잘 안 들어요."

"집에서는 시끄러울 정도로
수다쟁이고 목소리도 큰데,
학교만 가면 목소리가 작아져요."

"엘리베이터에서 인사하라고 하면
뒤로 숨어버려요."

"평소에 책을 많이 읽고 아는 것도 많은데,
막상 발표하라고 하면
그만큼 안 나와요."

누구나 어떻게 말해야 할지 몰라서 떨렸거나, 발표하다가 무안을 당했던 경험이 있을 겁니다. 성인들도 무대 공포증이나 발표 트라우마를 겪죠.

아이의 스피치 교육을 위해 찾아오는 부모님들은 대부분 비슷한 바람을 갖고 있습니다. 내 아이가 말을 잘했으면 좋겠다는 거죠. 본인이 말을 잘하지 못한다고 생각하는 부모일수록 내 아이만큼은 다르기를 바라면서, 어떻게 아이를 가르쳐야 할지 몰라서 전문가를 찾습니다.

1. 말하면서 발달하는 뇌

그런데 말을 잘한다는 것은 무엇이고, 어떻게 잘해야 할까요? 이번 장에서는 스피치 브레인을 깨우는 과정을 보여드리겠습니다. 여러 시도 끝에 찾은 방법을 아이들에게 적용했더니, 기간과 정도의 차이는 있지만 대부분 말하기 실력과 소통 능력, 심지어 학습 능력까지 일취월장했습니다.

'스피치 브레인'이란 무엇인가?

"우리 아이는 말을 잘해요."라고 얘기하는 분들이 있습니다. 말을 쫑알쫑알한다고 다 잘하는 건 아닙니다. 남들 앞에서 자신감 있고, 논리적으로 말할 줄 알아야 하지요. 또한 타인과 공감하고 소통하는 성숙한 대화법을 갖춰야 합니다. 그러기 위해선 아이의 '스피치 브레인'을 깨워주어야 하는데요. 그러려면 가장 먼저 전두엽의 발달이 중요합니다.

전두엽은 이성적 사고, 문제해결 능력, 감정 조절, 창의력, 공감 능력을 관장하는 뇌의 한 부분입니다. 목표를 설정하고, 계획하고, 실행시키는 학습적 차원의 관리도 하는데요. 인간의 뇌에

1. 말하면서 발달하는 뇌

서 가장 늦게 완성되는 부분이다 보니, 청소년기 아이들이 자기 통제를 못하고 충동적이거나 난폭하게 행동하게 됩니다. 무엇이든 스스로 목표를 설정하고 실행하는 데 어려움을 겪는다면 이 또한 전두엽이 아직 발달하지 못한 탓입니다. 설상가상으로 스마트폰과 태블릿 같은 전자기기를 많이 사용하는 환경이 전두엽의 발달을 더디게 만들지요.

그래서 초등 시기에 말하기 공부가 필요합니다. 아이의 생각이 머릿속에 머무를 새가 없이 입 밖으로 곧장 나온다면 그건 틀렸습니다. 아이가 자신의 의견을 곰곰이 생각하고 적합한 단어를 골라 언어로 구사하는 연습이 가장 큰 도움이 됩니다.

그러려면 아이들에게 말로 표현할 기회를 많이 주어야겠죠. 그래서 부모가 올바른 질문을 하고, 잘 들어주고, 토의·토론하는 시간을 만드는 게 중요합니다. 현재 영재원, 특목고, 대학 입학 등 중요한 입시에서 면접이 합격 점수의 30% 전후를 차지합니다. 언어를 구사하는 정도를 보면 공부 머리와 인격적 성숙을 가늠할 수 있으니까요.

스피치 브레인이 트이면 면접, 대인관계뿐만 아니라 자기주도 학습도 가능해집니다. 스피치 브레인이 트인 아이와 그렇지 않은 아이의 가장 큰 차이점은 자기 스스로 선택할 수 있는 능력이 있느냐, 없느냐로 나뉘거든요. 스피치 브레인이 트인 아이들은 스스로 결정하고, 그 결정에 따른 실패를 통해서 배운 건 절대 잊어버리지 않습니다. 아이의 자존감은 물론, 자신감까지 높아지죠. 이런 사람이 성공할 확률도 높습니다. 아무리 똑똑해도 이 능력이 제대로 갖춰지지 않으면 경쟁력이 떨어질 수밖에 없습니다. 말 머리는 공부 머리이자, 더 나아가 성공 머리인 셈이지요. 스피치 브레인을 깨워주면 학업, 입시, 대인관계 등 대부분의 고민이 해결됩니다.

그런데 아이가 혼자 터득하기엔 어렵습니다. 주양육자인 부모와 함께한다면 지름길로 갈 수 있지요. 하루에 단 10분이라도 좋습니다. 오롯이 아이에게 집중할 수 있게끔 노력해주세요. 이 책에서 안내하는 스텝을 따라 아이와 함께해보세요. 조금씩 차곡차곡 연습한 것이 쌓여 스피치 브레인을 깨우고, 키우고, 확장하는 아이로 성장할 겁니다. 우선 여러분과 아이의 스피치 브레인 수준을 체크해보기 바랍니다.

25

스피치 브레인 테스트 – 부모편

◇ 테스트

스피치 브레인을 깨우기에 앞서 현재 부모의 스피치는 어느 정도 수준인지 체크해보세요. 다음 문항들을 읽고 해당하는 항목이 몇 개인지 세어보세요.

	체크사항	예	아니오
1	말하면서 발음이 정확하지 않다고 느낀다		
2	말하다 보면 말의 속도가 빨라진다		
3	사람들이 많은 곳에서는 목소리가 작아진다		
4	말하면서 숨이 찰 때가 있다		
5	말을 많이 하면 저녁에 목이 잠긴다		
6	아이에게 욱하며 목소리가 커질 때가 많다		
7	아이의 눈과 얼굴을 안 보며 대화한다		
8	아이에게 손 제스처와 함께 말하지 않는다		
9	평소 가만히 있으면 "화났어?"라는 말을 듣는다		
10	긴장을 할 때 나도 모르게 나오는 습관들이 있다		
11	아이가 하는 말을 중간에 끊는 편이다		
12	말을 할 때 "어…", "그래서…" 같은 말을 자주 한다		
13	아이에게 말을 하면 아이가 화를 내거나 못 알아듣는다		
14	말을 하면서 정리가 안 될 때가 있다		
15	발표나 대중 앞에서 말할 때 심장이 쿵쾅거리며 떨린다		

1. 말하면서 발달하는 뇌

✦ 결과 분석

'예'의 숫자에 따라 부모의 소통 능력 범위를 체크해볼 수 있습니다. '예'에 표시된 것들을 잘 체크하여 부족한 부분이 무엇인지 파악하고 소통 능력을 키울 수 있도록 해보세요.

'예'의 범위	스피치 영역	솔루션
1~6번	음성적인 영역	아이에게 요점이 잘 들리고 신뢰감 있는 부모로서의 말하기를 배워보시겠어요? 아이의 말하기는 부모의 목소리를 듣고 배운답니다.
7~10번	시각적인 영역	아이는 부모의 거울입니다. 혹시 부모의 나쁜 습관을 닮고 있지 않은지 체크해보세요.
11~15번	콘텐츠 영역	소통을 위해서는 상대방의 상황과 배경지식 등을 잘 이해하고 공감할 수 있어야 합니다. 필요한 요소가 무엇인지 잘 파악하고 배워봅시다.

스피치 브레인 테스트 – 아이편

◇ 테스트

스피치 브레인을 깨우기에 앞서 현재 아이의 스피치는 어느 정도 수준인지 체크해보세요. 다음 문항들을 읽고 해당하는 항목이 몇 개인지 세어보세요.

1. 말하면서 발달하는 뇌

	체크사항	예	아니오
1	말을 오래 하면 목이 지치고 아프다		
2	다른 사람들 앞에서 얘기할 때 침을 삼킬 때가 있다		
3	원고 없이 말할 때 "어…", "아…" 등의 말이 자꾸 나온다		
4	말이 빠른 편이다		
5	'~다', '~요'까지 말하지 않고 말끝을 흐리는 편이다		
6	우물거리듯 말해서 상대방이 되물을 때가 있다		
7	말하다가 버벅대거나 말이 꼬일 때가 있다		
8	말할 때 눈을 어디에 두어야 할지 모르겠다		
9	다른 사람들과 말을 할 때 손이 가만히 있는 편이다		
10	말하거나 발표하기 전 매우 떨린다		
11	말할 때 어떤 얘기를 해야 할지 생각이 안 날 때가 있다		
12	말하다가 내가 무슨 얘기를 하고자 했는지 잊을 때가 있다		
13	말할 때 다른 사람을 어떻게 설득해야 할지 모르겠다		
14	기분 좋게 얘기했는데 상대방이 기분 상할 때가 있다		
15	발표나 말을 잘하기 위한 방법을 모르겠다		
	총 합계		

✦ 결과 분석

　'예'의 개수에 따라 우리 아이의 소통 능력을 체크해볼 수 있습니다. 개수에 따른 솔루션을 확인하세요.

'예'의 개수	소통 능력	솔루션
1~5개	적당해요	이미 잘하고 있지만, 부족한 부분을 체크하여 노력한다면 소통, 발표 능력이 더욱 뛰어난 아이가 될 수 있어요.
6~10개	노력이 필요해요	잘하고 싶지만 잘 안 되는 부분이 있었죠? '아니오'에 체크된 부분들은 아이가 노력하면 충분히 채울 수 있습니다.
11~15개	부모님이 도와주세요	소통은 '나'가 아닌 '우리'가 중심입니다. 다른 사람을 더 배려하고 소통할 수 있도록 배우고 익혀야 합니다.

　페이지를 넘기면 우리 아이의 소통 문제에 대한 원인 진단이 가능합니다. '아니오'에 표시된 것들을 잘 체크하여 우리 아이에게 부족한 부분이 무엇인지 파악하고 소통, 발표 능력을 키울 수 있도록 해보세요.

	체크사항	원인 진단
1	말을 오래 하면 목이 지치고 아프다	발성
2	다른 사람들 앞에서 얘기할 때 침을 삼킬 때가 있다	발성, 발음
3	원고 없이 말할 때 "어…", "아…" 등의 말이 자꾸 나온다	제스처, 발성
4	말이 빠른 편이다	발성, 발음
5	'~다', '~요'까지 말하지 않고 말끝을 흐리는 편이다	자신감
6	우물거리듯 말해서 상대방이 되물을 때가 있다	발음
7	말하다가 버벅대거나 말이 꼬일 때가 있다	발음
8	말할 때 눈을 어디에 두어야 할지 모르겠다	시선
9	다른 사람들과 말을 할 때 손이 가만히 있는 편이다	제스처
10	말하거나 발표하기 전 매우 떨린다	자신감
11	말할 때 어떤 얘기를 해야 할지 생각이 안 날 때가 있다	콘텐츠
12	말하다가 내가 무슨 얘기를 하고자 했는지 잊을 때가 있다	콘텐츠
13	말을 할 때 다른 사람을 어떻게 설득해야 할지 모르겠다	콘텐츠
14	기분 좋게 얘기했는데 상대방이 기분 상할 때가 있다	공감력
15	발표나 말을 잘하기 위한 방법을 모르겠다	소통능력

가장 먼저 전두엽을 활성화하라

말하기 실력을 키우는 데 공감 능력이 중요한 이유는 말과 공감을 담당하는 뇌의 영역이 일치하기 때문입니다. 인간의 뇌는 좌뇌, 우뇌로만 구분되지 않습니다. 정보를 청각으로 받아들이는 '측두엽', 시각으로 받아들이는 '후두엽', 이렇게 받아들인 정보를 취합해서 정리하는 '전두엽'으로 더 세분화할 수 있죠.

알기 쉽게 예를 들어볼까요? 아이가 '복숭아'라는 단어를 배울 때 [복숭아]라는 발음 소리는 측두엽이 받아들이고, 둥글고 분홍빛이 나는 모양은 후두엽이 익힙니다. '복숭아는 발그레한 얼굴 같다.' 등의 묘사는 전두엽에서 처리하죠.

그런 전두엽의 기능 중에는 공감도 있습니다. 타인의 말과 행동, 표정을 보면서 자기가 가지고 있는 모든 정보를 동원해 그가 어떤 감정을 느끼는지, 무엇을 원하는지 등을 파악해야 하기 때문입니다. 그러니까 타인의 언어뿐 아니라 비언어적 표현까지 종합해 그가 말하는 바를 제대로 이해하는 것이 바로 공감 능력인 거죠. 흔히 '소시오패스', '사이코패스'라고 불리는 사람들은 타인에 대한 공감 능력이 현저히 떨어지는데, 전두엽 이상으로 그러한 성격적 결함이 생깁니다.

그러니까 말 잘하는 아이로 키우기 위해서는 가장 먼저 전두엽을 활성화해야 하는 거죠. 아이의 공감 능력을 발달시켜 주는 것이 스피치 브레인을 깨워주기 위해 부모가 할 수 있는 첫 번째 방법입니다. 일종의 전두엽 기능을 강화하는 훈련인 거지요.

방송인이 말을 잘한다고 느끼는 이유

잠시 저의 이야기를 꺼내볼게요. 어린 시절 저의 별명은 '울보'였습니다. 다른 사람 앞에서 말하다가 울어버리기 일쑤였거든요. 초등학교 2학년 때는 담임 선생님의 권유로 얼떨결에 반장이 되었는데, 친구들 앞에서 전달 사항을 말할 때마다 심장이 쿵쾅거리고 얼굴이 저리던 느낌이 아직도 생생합니다. 고등학교 때는 영어 말하기 대회에서 버벅거리다가 울면서 무대를 내려오기도 했죠.

이랬던 제가 생방송을 진행하고, 몇천 명의 관객 앞에서 마이크를 잡는 MC가 되기까지 숱한 도전과 실패를 거쳤습니다. 지금의 저는 교내 방송국에 지원하며 시작되었습니다. 그때부터 말하기 훈련을 했죠. 신뢰감 있는 목소리를 내기 위해 산에 올라가 소리 지르며 복식호흡 발성을 배웠고, 정확하게 발음하기 위해 혀, 입술, 턱과 같은 조음기관을 풀고 움직이는 연습을 했습니다. 다양한 원고를 분석하며 끊어 읽기, 강세, 제스처 등을 배우기도 했지요. 이 모습을 직접 촬영해서 돌려보며 단점을 보완해가는 과정도 몇 년간 반복했습니다.

그런데 막상 방송 현장에 나가 보니 멋지고 유창하게 말하는 것보다 중요한 게 있었습니다. 바로 '시청자와의 소통'입니다. 방송에서 저의 역할은 예쁘게 말하는 게 아니라 시청자가 듣고 싶은 말을 전하는 거였거든요. 교통방송에서는 '어느 구간이 막히고, 어떤 도로를 이용해야 가장 빠른지'를 정확히 전달해야 했습니다. 그때부터 저는 말하기를 할 때 '내 앞에 있는 청중이 무엇을 보고, 듣고 싶은 사람인가?'를 먼저 생각하는 습관을 갖게 되었습니다. 말하기에서 가장 중요한 '소통의 원리'를 깨달은 거지요.

소통을 잘하려면 듣는 사람에게 필요한 이야기를 이해하기 쉽게 전달해야 합니다. 이 원리를 적용하면 방송뿐 아니라 발표, 면접, 대화, 강의 등 모든 말하기에서 청자와 소통이 되는 것을 느낄 수 있습니다. 우리가 방송인을 보면서 말을 잘한다고 느끼는 이유는 그들이 소통을 잘하고 있기 때문이거든요.

그렇다면 말을 잘하려면 스피치 학원을 다녀야 할까요? 아닙니다. 학원에서는 소통의 마지막 과정인 표현력을 중심으로 가르칩니다. 말하기에서 진짜 중요한 것은 '청자가 무엇을 필요로 하는가?'를 파악하는 겁니다. 그러기 위해서는 먼저 상대방에 대한 '공감'이 이루어져야 하죠. 유재석, 강호동 같은 MC들이 시청자에게 사랑받는 이유도 공감 능력 덕분입니다.

그렇다면 눈에 보이지 않는 능력을 어떻게 키울 수 있을까요? 가장 기본적인 방식은 '보고 따라 하기'입니다. 공감은 받아 본 사람만이 할 수 있다고 전문가들은 말합니다. 공감이라는 것은 감정을 같이 느끼는 것뿐 아니라 배경지식과 경험을 이해하는 모든 것을 포함하는데요. 아이에게 공감하는 가장 좋은 방법은 바로 '눈을 보고 <u>끄덕끄덕하기</u>'와 '~구나' 화법입니다.

"지환이가 장난감을 뺏겨서 속상했구나."

"그랬구나. 공부가 마음대로 되지 않아서 화가 났구나."

Step 1. 스피치 브레인 깨우기

"수진이는 이 부분을 배우지 않아 이해가 잘 안 됐구나."

이때 눈은 아이를 바라보고 고개를 끄덕끄덕하며 공감하고 있다는 것을 시각적으로도 보여줘야 합니다. '~구나'를 너무 많이 쓰는 것 같을 때는 '우와', '진짜', '이런' 등의 감탄사로 맞장구쳐 주거나 아이의 뒷말을 따라 하는 방법이 있습니다.

예를 들어 아이가 이렇게 말했다고 가정합시다. "학교에서 장난치다 넘어졌는데 아프지 않았어." 그러면 부모는 뒷말을 따라 반복합니다. "아프지 않았구나." 또 다른 예로 아이가 "딸기를 먹었는데 엄청 맛있었어!"라고 말하면 부모가 감탄사를 섞어 반응해봅니다. "우와! 그랬어?" 이렇게 아이들이 하는 말을 부모가 인정하고, 그에 따른 리액션을 해주는 모습을 보면서 아이는 '다른 사람의 말에 공감할 때는 이렇게 해야 하는구나.'를 깨달을 수 있습니다.

부모가 아이와 대화를 나누다 보면 간과하는 실수 중 하나가 "잠깐만, 엄마 먼저 얘기할게.", "말 끊어서 미안한데, 아빠는 그런 의도로 얘기한 게 아니야." 등의 말을 내뱉는다는 겁니다. 그 순간 아이는 말하려던 의욕이 꺾이고, 부모와 소통하려던 의지가 꺾이죠. 그리고 '상대가 말할 때 끝까지 듣지 않고 내 의견을 밀고 나가면 되는구나.'라는 잘못된 소통 방법을 배울 수도 있습니다.

자기 이야기에 공감해주는 부모를 보고 자란 아이들은 말을 잘할 뿐만 아니라, 자존감도 높습니다. 감정을 존중받는 경험을 많이 했기 때문이지요. 공감은 부모가 갖춰야 할 가장 기본적인 태도입니다. 우리 아이의 공감 능력을 키우기 위해 '① 아이의 말을 끝까지 들어주기', '② ~구나' 화법, '③ 눈을 맞추고 고개를 끄덕끄덕하기' 이 3가지를 꼭 지켜주세요. 또한 아이와 함께 다음의 놀이를 따라 하면 더 도움이 될 겁니다.

일상에서 공감력을 길러주는 '그렇구나' 놀이

TV 프로그램에서 자주 나왔던 놀이로 상대방과 마주 앉아 상대방이 무슨 말을 하든 '그렇구나'로 이어가는 놀이입니다.

"엄마는 오늘 회사에서 짜장면을 먹었는데, 좀 짰어."
"그렇구나."
"나는 오늘 과학 시간에 머리가 좀 아팠어."
"그렇구나."

아이와 마주 앉아 손을 맞잡고 하루 동안 있었던 일, 또는 서로에게 하고 싶은 말을 번갈아 하되 대답은 무조건 '그렇구나'로 하는 것입니다. 아이가 걱정되는 말이나 화가 날 만한 말을 하더라도 표정을 구기지 않고 '그렇구나'라고 답할 수 있어야 합니다.

"엄마, 저는 들을 준비가 되었어요."

우선 그림이나 사진, 종이, 연필을 준비하세요. 아이가 그림이 어떻게 생겼는지 묘사하게 합니다. 부모는 그림을 보지 않은 상태에서 빈 종이 위에 자기가 이해한 대로 그려보세요. 설명이 끝나면 말하는 사람이 본 그림과 듣는 사람이 그린 그림이 일치하는지 확인하고, 역할을 바꿔보세요. 가장 비슷하게 그린 사람이 이기는 놀이입니다.

블록을 활용하는 방법도 있습니다. 먼저 참가자 중 한 사람이 블록을 만듭니다. 이후 자기가 만든 블록이 어떤 모양과 색깔인지, 어떤 방향으로 만들어졌는지 설명하는 거죠. 듣는 사람은 그대로 블록을 만들어보세요. 이번에도 가장 비슷하게 블록을 만든 사람이 이깁니다.

이 놀이를 하면 말하는 사람은 내가 상대방을 얼마나 배려하고 말했는지 알 수 있고, 듣는 사람은 말하는 사람의 이야기를 얼마나 세심하게 듣고 이해했는지에 대해 알 수 있습니다. 아이가 말하는 사람과 듣는 사람을 번갈아 하다 보면 '상대방의 말에 귀를 기울이는 법'과 '이해하기 쉽게 설명하는 법'을 익힐 수 있습니다. 이게 바로 공감의 기본자세지요. 특히 이 놀이는 다른 사람의 말을 귀담아듣는 게 약한 아이들에게 좋은 훈련입니다.

유튜브 좋아하는 아이라면

가족, 친구 등을 인터뷰 대상으로 정하고 아이가 인터뷰를 진행합니다. 기자나 리포터, 작가들은 다른 사람을 인터뷰할 때 인터뷰 대상에 대한 충분한 조사를 바탕으로 질문지를 만듭니다. 아이도 이렇게 질문지를 만들 수 있도록 도와주세요. 상대방의 이름이나 나이 등 간단한 정보는 제외하고 취미, 좋아하는 것, 지금의 감정 등 적어도 5~10개 내외의 질문을 만들어봅니다.

이렇게 질문지를 만들며 상대방을 생각하고, 파악하는 과정에서 1차로 공감 연습을 할 수 있습니다. 또한 실제로 인터뷰를 진행하는 과정에서 자신이 의도했던 답변이 나오는지 귀를 기울이며 2차 공감 연습을 할 수 있지요. 인터뷰 대상이 때로는 예상치 못한 답을 하기에, 그 자리에서 상대방에 대해 다시 생각하고 추가 질문을 하는 연습도 할 수 있습니다.

인터뷰가 끝난 뒤에는 아이와 함께 처음에 예상했던 답과 실제 대답이 어떻게 다른지 살펴봅니다. 이후 인터뷰 소감을 정리해보세요. 이 과정에서 아이는 타인을 어떻게 대하고, 이야기를 이끌어가야 하는지 배울 수 있습니다. 일상 대화의 리허설을 하는 셈이죠. 영재원 면접을 앞둔 친구들에게는 면접관의 입장이 되어보는 연습이 됩니다.

고요 속의 외침

적어도 4명 이상의 인원이 필요합니다. 우선 참가자 모두가 한 줄로 길게 늘어섭니다. 그리고 첫 번째에 있는 사람이 두 번째 사람에게 귓속말로 제시어를 속삭입니다. 두 번째 사람은 세 번째 사람에게 다시 귓속말로 전달하는 거죠. 이때 다음 순서의 사람들은 속삭이는 소리를 들을 수 없도록 음악이 나오는 헤드폰을 쓰거나 귀를 막습니다.

마지막에 있는 사람에게까지 다 전달하고 나면, 그 사람은 자신이 들은 것을 크게 이야기하며 첫 번째 사람이 말한 것과 일치하는지 맞혀봅니다. 만약 틀렸다면 누구부터 잘못됐는지 찾아보세요. 처음에는 단어로 시작해서 점점 문장으로 확장하는 재미가 쏠쏠합니다. 이 놀이를 통해 아이는 타인의 말에 귀 기울이는 연습을 할 수 있습니다. 또한 내가 하고 싶은 말을 어떻게 하면 잘 전달할 수 있을지 생각하게 되지요.

모성어가 왼쪽 뇌를 자극한다

아이들은 대개 돌 즈음 단어를 말하기 시작합니다. 생후 24~36개월 사이에는 문장을 연결하죠. 이후에는 다양한 사람들과 대화하면서 들었던 단어들을 입 밖으로 내뱉기 시작합니다. 그렇다면 아이와 '대화'를 시작하게 되는 시점은 언제일까요?

정답은 엄마의 배 속부터입니다. 대화와 소통은 '말하기'가 아닌 '듣기'부터 시작되기 때문인데요. 아이들은 배 속부터 들었던 엄마의 목소리를 바탕으로 눈 맞춤, 옹알이를 거쳐 우리가 흔히 아는 대화를 경험합니다. 이때 엄마의 목소리가 중요한 이유는 바로 이 모성어를 통해 '언어'를 습득하기 때문입니다.

1. 말하면서 발달하는 뇌

캐나다 몬트리올대학교의 마리스 라송드Maryse Lassonde 박사
는 흥미로운 실험을 했습니다. 신생아실에서 16명의 신생아 머리
에 전극 장치를 채우고, 엄마와 간호사의 목소리를 각각 들려준
뒤 반응을 살핀 것이죠. 아이들은 간호사의 목소리를 단순한 '소
리'로 인식했습니다. 반면, 엄마의 목소리가 들리자 언어정보처
리와 운동기능을 담당하는 뇌의 좌반구가 활성화되었습니다.

아이들은 엄마의 목소리와 표정을 통해 사회와 정서를 배웁
니다. 이 밖에도 엄마의 목소리를 통해 정서적 안정감을 찾는다
는 모성어 관련 실험 결과들이 많습니다. 엄마의 목소리가 아이
들의 언어 능력 습득에 결정적인 역할을 하는 거지요.

아이의 말하기 자신감을 키워주고 싶다면, 먼저 아이의 말에
긍정적인 반응을 보여주세요. 아이들은 이걸 '말하기의 성공 경
험'으로 인식합니다. 내가 한 이야기가 긍정적으로 받아들여진 경
험을 자주 한 아이들은 스스로 해낼 수 있다는 믿음인 자기효능감
이 높아집니다. 더 나아가 자신감이라는 무기도 갖게 되지요.

그렇다면 어떻게 반응해주면 좋을까요? 먼저 아이의 말하기
과정을 칭찬해주세요. 아이가 집에 돌아와 유치원에서, 학교에서
있었던 일을 종알종알 말할 때, 가끔은 답답한 마음에 "그래서?",
"왜?"라는 결론부터 묻는 경우가 있습니다. 아이들은 경험이 부
족합니다. 상황을 자세히 묘사하는 데 한계가 있을 수밖에 없지

요. 말이 느리더라도, 표현이 다소 서툴더라도 끝까지 귀를 기울여 들어주고, 말하는 것에 대한 즐거움을 경험할 수 있게 해줘야 합니다.

"엄마한테 알려주고 싶어서 자세하게 표현해줘서 고마워."
"끊지 않고 끝까지 말해줘서 재미있게 들었어."

저는 코칭하는 과정에서도 칭찬을 자주 하는 것이 훨씬 효과적임을 경험합니다. 우물쭈물 목소리가 작아도, 발음을 틀리거나 버벅대면서 발표하더라도, 우선 칭찬하면서 모니터링을 진행합니다. 이때 구체적인 칭찬을 하는 게 중요합니다.

"발표를 준비하고 이 무대까지 나온 것만으로도 훌륭해."
"목소리가 훨씬 커졌어. 도전한 것에 선생님은 칭찬해."
"듣는 친구들을 한 번이라도 더 보려고 애쓴 모습이 멋져."

그러면 시간은 걸리더라도 아이들은 개미처럼 작았던 목소리가 우렁차게 바뀌게 되고, 쭈뼛쭈뼛하던 아이가 당당하게 제스처까지 쓰며 말하는 모습을 보게 됩니다.

자신을 객관적으로 마주하면
스스로 고친다

　부모가 PD나 MC가 되어 아이가 말하는 모습을 찍어주세요. 고쳐야 하는 부분은 굳이 잔소리하지 않아도 아이가 스스로 바꿔나갈 수 있습니다. 아이들과 이야기를 나누다 보면 다른 사람의 시선을 두려워하는 경우가 많습니다. 이럴 땐 아이가 말하는 모습을 직접 영상으로 찍어서 보여주는 게 좋겠죠. 영상을 통해 객관적으로 자기의 모습을 보면서 좋은 점은 강화하고, 부족한 점은 보완할 수 있습니다.

　이때 아이들이 전자기기를 통해 흘러나오는 자기 목소리를 어색해할 수 있습니다. 사람은 신체 내부기관의 울림을 통해서 자기 목소리를 듣고, 입 밖으로 나오는 음의 주파수를 통해 타인의 목소리를 듣습니다. 영상에서 나오는 목소리를 어색해하는 건 당연한 반응이에요.

　만약 낯설다는 이유로 아이가 자기 목소리 듣기를 거부한다면 "다른 사람에게는 네 목소리가 전혀 이상하거나 어색하게 들리지 않아."라고 말해주세요. 말을 잘하기 위해서는 자기 목소리가 상대방에게 어떻게 들리는지 아는 것도 중요합니다. 신기한 것은 촬영한 영상을 10번 이상 반복해서 들으면 더 이상 자기 목소리가 어색하게 느껴지지 않는다는 겁니다. 자신의 진짜 목소리가 익숙해지거든요.

또 영상을 찍어보면 말할 때 무의식적으로 나오는 습관도 점검할 수 있습니다. "어…", "음…" 같은 잉여적 군말, 꼼지락거리는 손, 한쪽으로 올라간 입꼬리 등이죠. 이것은 불안함에서 비롯된 신체적 표현입니다. 영상을 통해 그 모습을 보면, 아이도 스스로 고치고 싶어합니다. 그때 "어떻게 하면 잘할 수 있을까?"라고 질문을 던지며 스스로 바꿔나갈 수 있게 도와주세요. 이 과정에서 아이는 자신이 원하는 모습을 상상하게 되고, 자연스레 무대 위에서 자신감을 가지게 됩니다.

누구나 초행길은 두렵습니다. 하지만 가는 길이 익숙하다면 내비게이션 없이도 자신 있게 다른 사람들을 이끌고 갈 수 있지요. 그 길을 너무나도 잘 알기 때문입니다. 아이들 또한 다른 사람들 앞에서 말하는 방법과 그 상황을 인지하게 된다면 자신감을 키워나갈 수 있습니다.

여기에 정서적 안정감을 주는 부모의 목소리와 반응이 더해진다면 자존감 또한 같이 향상될 수 있을 것입니다. 다음의 3가지 놀이를 아이와 함께 따라 해보세요. 아이가 스스로 객관적으로 볼 수 있게 하는 데 도움이 될 것입니다.

1. 말하면서 발달하는 뇌

집에서 여는 키자니아

방송인이라는 직업을 체험해보는 놀이입니다. 아이에게 각 방송 형식에 맞게 말하기 내용을 정리해보라고 하세요. 부모는 아이가 말하는 모습을 휴대전화 카메라로 촬영하는 겁니다. 처음에는 NG가 여러 번 날 겁니다. 괜찮습니다. 아이가 포기하지 않고 끝까지 말할 수 있게 칭찬해주세요. 촬영 후엔 영상을 함께 보며 느낀 점을 이야기하면 더욱 좋습니다.

뉴스를 진행하는 아나운서

우리 가족 소식, 학교에서 있었던 일 등 사건을 정해 '언제, 어디서, 누가, 무엇을, 어떻게, 왜'라는 육하원칙에 맞춰 뉴스를 만들어 말해봅니다. 이때 책상이나 식탁 등에 앉아 실제로 아나운서가 된 것처럼 해보면 더 좋습니다. 실전에 가까운 긴장감을 연습할 수 있거든요.

날씨를 알려주는 기상캐스터

먼저 아이에게 날씨를 물어보세요. "우리 동네 날씨는 어떤가요?", "우리 가족의 '기분 날씨'는 어떤가요?" 처음에는 날씨를 표현하는 단어인 '맑다', '흐리다', '구름이 많다', '비가 온다' 등으

48

로 소식을 전합니다. 표현력이 늘면 비유적으로 표현을 심화할 수 있습니다. 예를 들어 '엄마의 미소처럼 환하고 밝은 날씨', '괴물이 소리 지르는 것 같은 천둥번개 치는 날씨'처럼 말이지요.

TV에 노트북을 연결해서 지도를 띄우거나, 종이에 기상도 그림을 그려 벽에 붙이고 그 앞에 서서 말하도록 해주면 더 좋습니다. 이때 아이가 지도를 가리키면서 설명하면 프레젠테이션의 기본자세까지 배울 수 있습니다.

상품을 소개하는 쇼호스트

홈쇼핑 채널보다는 아이들에게 익숙한 키즈 유튜버를 떠올리게 해주세요. 그다음 아이가 직접 팔고 싶은 물건을 정합니다. 나에게 소중한 물건, 선물 받은 물건, 좋아하는 음식 등으로요. 물건을 정한 뒤 '시청자가 궁금해하는 내용이 무엇일까?'를 생각하며 아이와 함께 원고를 만들어 봅니다.

원고에는 물건의 특장점, 이 물건을 선택한 이유 등을 적습니다. 원고를 숙지한 뒤 카메라 앞에서 실제 쇼호스트처럼 말해 봅니다. 이때 모니터에 사진을 띄우거나 물건을 직접 들고 해보세요. 아이가 입을 떼기 어려워한다면 부모가 "어떻게 사용하는 건가요?", "누구에게 선물 받았나요?" 같은 질문을 던져 상품을 더 구체적으로 묘사할 수 있도록 도와줍니다.

1. 말하면서 발달하는 뇌

유튜버의 꿈을 이뤄주세요!

요즘 아이들에게 유튜브는 TV를 능가하는 미디어입니다. 아이들은 유튜브를 통해 미래를 꿈꾸고, 책에서 미처 보지 못한 세상을 경험하기도 합니다. 말하기 연습에 유튜브 채널을 활용하는 것도 좋은 방법이지요.

아이의 이름 또는 별명으로 유튜브 채널을 개설해보세요. '① 방송 놀이'에서 촬영한 영상을 업로드하면 됩니다. 혹시 아이의 초상권 침해 등의 문제가 걱정된다면 유튜브의 비공개 설정 기능을 활용하세요. 유튜브 영상은 비공개, 미등록, 일부 공개 등을 설정할 수 있습니다. 영상을 비공개로 설정하면 외부에서 검색되지 않고, 타인에게도 노출되지 않습니다.

아이들은 영상을 업로드하는 것만으로도 성취감을 느끼고, 자신감을 얻습니다. 또 이렇게 영상을 촬영하고, 업로드하면서 이야기를 정리하는 법을 익힐 수 있지요. 말을 조리 있게 전달하는 토대가 되어 주고, 아는 것과 모르는 것을 구분할 수 있는 '메타인지'를 경험하기도 합니다. 이는 흔히 말하는 '공부 머리'를 만들어주기 때문에 교육전문가, 육아전문가들도 추천하는 방법입니다.

하루의 마무리는 이렇게

방송인 체험을 할 만한 시간적 여유가 없다면 이런 방법을 추천합니다. 부모가 MC가 되어 아이의 감정에 관해 이야기를 나눠보세요. 잠들기 전이나 저녁 식사 후 오늘 하루 좋았던 일, 힘들었던 일에 대해 서로 기분을 말합니다.

처음에는 "좋았어.", "그냥." 등 단순한 대답으로 그칠 수 있어요. "네." 또는 "아니오."로 대답이 나올 수 있는 폐쇄형 질문이 아닌, "무엇이야?", "어떻게 했어?", "왜 그렇게 느꼈어?" 같은 개방형 질문으로 아이의 말을 이끌어 주세요.

아이가 "기억이 잘 안 나."라고 한다면 학교에서 배포하는 학습계획표를 참고하여 구체적인 대답이 나올 수 있도록 이끌어 주세요. 만약 아이가 대화를 이어나가기 힘들어한다면 엄마 아빠의 일기로 예를 들어주시면 좋습니다.

"1교시 때 어땠어?"
"오늘 미술 시간에 뭘 했는데?"
"엄마는 오늘 프레젠테이션 발표를 하는데 너무 떨렸어."
"아빠는 점심시간에 먹은 갈비가 맛있어서 행복했어."

1. 말하면서 발달하는 뇌

이 과정을 영상으로 촬영해도 좋고, 가볍게 대화로 마무리해도 좋습니다. 중요한 건 이 과정에서 부모의 평가는 삭제하고, '좋다', '기쁘다', '슬프다', '속상하다' 등 감정을 말로 표현하는 것입니다. 부모는 아이의 말에 대한 평가를 지우고, 아이의 감정을 있는 그대로 받아들여 주세요.

이 과정에서 아이는 자신의 감정을 존중받으며 자존감이 높아집니다. 혼날까 봐 숨겨두었던 부정적인 감정까지도 부모와 나누게 되지요. 아이는 자신의 감정을 존중받으면서 자존감이 높아집니다. 아이와 부모가 이렇게 감정과 생각을 인정해주는 경험을 쌓아놓으면 나중에 사춘기 때 아이와의 대화를 원활하게 만드는 적금이 될 수 있습니다.

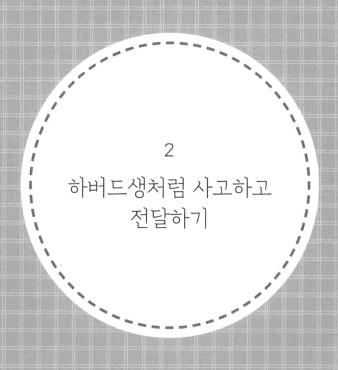

2

하버드생처럼 사고하고
전달하기

"아이가 논리적으로
말할 수 있으면 좋겠어요."

"아이가 말할 때마다 "그래서 네가
하고 싶은 말이 뭐야?"라고
묻게 돼요."

"두서없이 말해서 무슨 내용인지
이해를 못 하겠어요."

"아는 것은 많은데 물어보면
대답을 잘 못해요."

학교 현장체험학습을 다녀온 아이가 그날 있었던 일을 쫑알쫑알 얘기합니다. "나 오리 봤다! 근데 친구가 넘어졌어. 다쳐서 피나긴 했는데 안 울고 다시 놀았어. 딸기 먹었는데 맛있었어. 아 맞다! 내가 생태공원 갔는데, 아빠랑 캠핑 가서 봤던 그 나무도 있더라."

보는 것도 아는 것도 많아져서 그런지 이야기를 장황하게 합니다. 귀엽긴 한데 듣다 보면 무슨 얘기를 하는 건지, 하고 싶은 얘기가 무엇인지 물음표가 생기지요. '논술 학원을 보내야 하나?' 고민에 머리가 아프기 시작합니다.

그 와중에 바쁘기라도 하면 들어주는 인내심에도 한계가 옵니다. '우리 아이가 논리적으로 말했으면 좋겠어.' 하는 바람이 커지는 순간이죠. 결국 이렇게 묻게 됩니다. "그래서 네가 하고 싶은 말이 뭐야?"

하지만 스스로 돌아보세요. 어른인 우리도 의식의 흐름대로 두서없이 말하는 경우가 많습니다. 그렇다 보니 좀 더 간결하고 논리적으로 말하고 싶어지는데요. 이때 사람을 설득하는 데 필요한 스토리텔링을 배우면 간단하게 해결됩니다.

또한 아이에게 논리정연한 말하기를 가르쳐주고 싶은 부모라면 스토리텔링을 꼭 알아야 합니다. 하고 싶은 말에 스토리텔링 기법을 넣으면 단순히 재미있게 말하는 것에서 나아가, 상대를 설득하는 말하기를 할 수 있기 때문이지요. 이번 장에서는 '노잼' 아이도 '유잼'으로 만드는 스토리텔링 방법에 대해 알려드리겠습니다.

논리적 사고의 시작, 오레오(OREO)

'스토리텔링'이란 내가 말하고자 하는 바를 단어, 이미지, 소리를 통해 사건, 이야기로 전달하는 것입니다. 경험을 공유하고 해석하는 수단이지요. 이 정의가 와닿지 않는다고 해도 괜찮습니다. 아래 예시를 함께 살펴보겠습니다.

Ⓐ "이 건강보조식품은 체지방을 분해하는 효소가 40% 이상 함유되어 있습니다. 임상실험 결과 3개월 이상 꾸준히 복용했을 경우 평균 10kg의 감량 효과가 있었습니다."

Ⓑ "제가 아이 낳고 15kg이나 찐 살이 안 빠져서 이것저것 다 해봤거든요? 근데 이것만큼 효과 좋은 게 없어요. 지금 4개월째 먹고 있는데 10kg이 훅 빠져서 결혼 전에 입었던 청바지가 쑥 들어가요!"

둘 중 어느 것이 더 와닿나요? 사람들은 뭐든 '성공 경험'에 더 귀 기울이게 됩니다. 육아 관련 정보를 얻을 때도 마찬가지죠. 다음 예시도 한번 볼까요?

Ⓐ "아이를 키울 때 가장 중요한 것은 믿어주는 것입니다. 아이들은 부모의 믿음을 바탕으로 자신의 가능성을 믿고 무한한 도전을 하기 때문입니다. 주변에서 아이의 능력을 의심하거나 가치를 저평가하더라도, 부모는 남들이 보지 못하는 아이의 특별한 점을 잘 살피며 그 가능성을 열어주어야 합니다."

Ⓑ "이 아이는 지능이 떨어져 학교생활을 하기 어려운 상태이니 특수 학교로 전학 가기를 권합니다." 교장의 말을 듣고 엄마는 마음을 굳게 먹었습니다. 무슨 일이 있어도 자신은 아이의 가능성을 믿어야 한다고요. 집으로 돌아온 엄마는 아이에게 전학을 가야 한다고 전하며 이렇게 말했지요. "너는 특별한 재능을 갖고

Step 1. 스피치 브레인 깨우기

있어. 그래서 너에게 맞는 학교로 가야 한단다." 이 일화의 주인공
은 토머스 에디슨의 어머니입니다.

단순히 '성적을 올렸다.'보다 '5등급에서 1등급으로 상승한
고등학교 2학년 학생'이 더 믿음 가죠. 이렇게 자기가 말하고 싶
은 바를 에피소드로 재해석한 게 스토리텔링입니다.

우리는 타인의 말을 들을 때 자신의 배경지식을 끌어와 이해
합니다. 이때 공감할 수 있는 포인트가 있으면 몰입도가 더 커지
겠지요. 공감해야 마음이 움직이고, 그 이야기가 재밌다고 느끼
게 되는 겁니다.

언젠가 EBS에서 한 다큐멘터리를 본 적이 있습니다. 스토리
텔링을 주제로 한 내용이었지요. 제작진은 1가지 실험을 합니다.
밸런타인데이에 일본 아오모리현에서 사과를 판매한 건데요. A 가
판대는 사과가 달고 맛나다고 홍보하고, B 가판대는 사랑의 노래
를 들려준 사과라고 홍보했습니다. 결과는 놀라웠습니다. B 가판
대의 사과가 6배 이상 더 많이 팔렸거든요.

이처럼 스토리텔링이 가장 많이 활용되는 분야가 바로 '광
고'입니다. 짧은 시간에 사람들을 설득해야 하기 때문이지요. 스
토리텔링 기법을 말하기에 적용한다면 광고처럼 눈길이 가고, 저
절로 설득되는 말하기를 할 수 있습니다.

하지만 스토리텔링을 한다고 해서 다 재밌게 들리는 건 아닙니다. 말을 어떻게 구성하느냐도 중요하지요. 하버드대학교에서도 강조하는 논리적인 말하기의 '오레오OREO'를 알아야 합니다.

화자의 말하기	왼쪽 말을 들은 후 청자의 생각
Opinion 핵심 주제 문장	그렇군요. 왜 그렇죠?
Reason 주장의 근거 (왜냐하면~ / 그 이유는 ~)	아, 그런 이유군요. 근데 잘 이해가 안 돼요. 정말 그럴까요?
Example 해당 사례 (예를 들면~)	아하, 저도 그런 경험이 있어요. 그런데 이 이야기를 통해 하고 싶은 말은 뭐죠?
Opinion 핵심 주제 문장 (결론은~ / 내가 하고 싶은 말은~)	당신이 말하고 싶은 요점이 이거였군요.

뇌는 10분 만에 이야기의 절반을 잊는다

하버드대학교 학생들은 자기 생각을 상대방에게 논리적으로 전달하기 위해 졸업 전까지 이 공식을 익힙니다. 오레오 공식은 '의견 → 이유 → 사례 → 의견'의 구조로 글을 쓰거나 말하는 방법입니다. 토론, 프레젠테이션, 연설 등 대부분의 스피치 영역에 적용할 수 있지요.

이 공식이 가장 빛을 발하는 건 면접입니다. 영재원, 특목고,

대학 입학 등 중요한 입시에서 면접은 전체 합격 점수의 30% 전후를 차지할 정도로 중요한 관문인데요. 이때 스토리텔링과 오레오 공식으로 말한다면 충분히 면접관을 설득할 수 있습니다. 아래의 예시를 함께 살펴볼까요?

"저의 장점은 성실하다는 것입니다. 학교에서 주어진 과제를 충실히 하고, 해야 하는 일을 미리 하는 습관이 있습니다." 오레오 공식을 이용하여, 이 문장을 아래와 같이 바꿔보겠습니다.

Opinion(의견) 저의 장점은 성실하다는 것입니다.

Reason(이유) 항상 최선을 다하기 위해 아침 기상과 스케줄러 관리를 꾸준히 하고 있습니다. 덕분에 빠트리는 과제가 단 하나도 없습니다.

Example(사례) 매일 아침 5시에 일어나 30분 독서를 하고, 하루 계획을 세웁니다. 학교에서는 쉬는 시간에 해야 할 공부를 체크하며 예습과 복습을 놓치지 않습니다. 취침 전에는 오늘 하루 어떻게 보냈는지 다이어리에 세세하게 작성합니다. 이런 생활 습관을 6년째 꾸준히 이어나가고 있습니다.

Opinion(핵심 주장) 만약 제가 이곳에 합격한다면, 이런 성실함을 무기로 꿈을 위해 정진하겠습니다.

"저의 장점은 성실하다는 것입니다."라는 첫 문장을 들은 사람들은 마음속으로 '왜 그렇지?'라는 질문을 하게 됩니다. 그리고 '어떻게 성실하다는 건지 이해가 잘 되지 않는데, 예를 들어줄 수 있나?'로 의식의 흐름이 이어지죠.

여기서 구체적인 이야기, 즉 스토리텔링을 예시로 들어주면 됩니다. 이 사례에 공감이 간다면 청중은 이야기에 푹 빠져들겠죠. 그 후 '그래서 하고 싶은 말이 뭐지?'라는 질문에 빠집니다. 기억이 '망각의 곡선'에 들어갔기 때문입니다.

망각의 곡선은 독일의 심리학자 헤르만 에빙하우스Hermann Ebbinghaus가 제시한 개념인데요. 시간이 지남에 따라 새로 학습한 내용을 얼마나 잊는가를 실험한 결과입니다. 뇌는 10분 후부터 망각이 시작되어 20분만 지나도 앞서 들은 이야기의 50%가량을 잊어버린다고 합니다. 오레오 공식의 처음과 마지막이 의견인 이유이지요. 핵심 주제를 담은 문장을 한 번 더 강조해서 말해야, 상대방은 그 이야기를 오래 기억할 수 있습니다.

이야기를 생산하는 오픈형 질문의 힘

스토리텔링이라는 음식을 잘하려면 좋은 재료가 풍부해야 합니다. 그 좋은 재료는 서사겠죠. 서사, 즉 이야기 구조를 갖추려면 경험이 많아야 합니다. 갈등 없는 단순한 삶보다는, 역경을 딛고 산전수전 다 겪은 사람의 이야기가 더 재미있고 궁금하지요. 그래서 우리 아이들이 직접 보고 느끼고 체험할 수 있는 경험을 많이 시켜주는 것이 좋습니다.

그리고 그 경험을 기억하고 활용할 수 있도록 사진, 영상, 일기 등으로 기록을 남겨 수시로 꺼내쓸 수 있도록 해주세요. 입시지도를 할 때도 아이들에게 생활기록부의 활동 내역을 미리 챙기는 것은 물론, 일기 쓰는 습관을 통해 자신의 스토리텔링 재료를 만들어 두도록 합니다.

직접 경험은 장소, 시간 등의 제약이 있습니다. 말하기 역시 풍부한 배경지식을 활용하는 게 중요합니다. 그래서 간접 경험과 배경지식을 쌓을 수 있는 독서가 중요한 겁니다. 다만, 이것을 스토리텔링으로 승화시키기 위해서는 책을 읽은 뒤 단순히 내용을 정리하는 독서록으로 끝나는 것이 아니라, 그 책의 내용이 나의 가치관에 어떤 영향을 주었는지 독후감을 써두는 게 좋습니다. 말할 재료를 저장해두는 셈이지요.

'우정'을 주제로 말하기를 했던 초등학교 2학년 아이가 떠오릅니다. 그 아이는 좋아하는 마음이 있다면 서로에게 필요한 것을 나눠줄 수 있어야 한다는 이야기를 전했는데요. 눈에 보이지 않는 추상적인 마음을 자기가 읽었던 책《아낌없이 주는 나무》에 빗대어 말했습니다. 소년에게 밑동까지 내어주는 나무의 모습을 보며, 자기도 기쁜 마음으로 친구를 도와주고 싶다는 이야기를 풀어나간 거지요. 이 말하기는 자기가 전하고 싶었던 주제를 확실하게 보여주었을 뿐 아니라, 듣는 이에게 잔잔한 감동까지 남겼습니다.

아이가 스토리텔링 하도록
유도하는 질문

아이의 말이 스토리텔링으로 이어지기 위해서는 부모의 질문이 중요합니다. 아이가 장황하게 말할 때 적절한 질문을 던지면, 거기에 답하면서 자연스럽게 스토리텔링이 이루어지거든요.

이때 잠시 생각하고 답할 수 있는 '오픈형 질문'을 던지세요. "예." 또는 "아니오."로 대답할 수 있는 폐쇄형 질문은 이야기를 만드는 효과가 없습니다. 방송에서도 게스트가 말을 잘할 수 있게 좋은 질문을 던지는 사람이 '명 MC'로 칭송받죠. 집에서는 부모가 이러한 MC의 역할을 해주는 겁니다.

예를 들어 아이가 체험학습을 다녀와서 쫑알쫑알 이야기한다면, 맞장구치며 육하원칙에서 빠진 부분을 물어보세요. '언제? 어디서? 누가? 무엇을? 어떻게? 왜?'라고 꼬리를 잇는 질문을 하다 보면 아이도 상대방이 궁금해하는 부분이 무엇인지 생각하며 말할 수 있게 됩니다. 이때 심문하듯 물어봐서는 안 됩니다. 아이의 이야기가 정말 궁금해서 물어본다는 진실한 태도와 말투로 질문해야 아이에게 스토리텔링 할 수 있는 힘이 생깁니다. 더불어 다음의 2가지 놀이를 함께한다면 그 힘을 키우는 데 더욱 도움이 될 겁니다.

브이로그 놀이

'브이로그v-log'는 '비디오video'와 '블로그blog'의 합성어로, 자신의 일상을 동영상으로 촬영하는 콘텐츠입니다. 꼭 어딘가에 올리지 않더라도 매일 자기 전 하루 중 가장 즐거웠던 일을 주제로 말하는 모습을 찍어보세요. 일기를 쓰는 것도 방법이지만, 말로 직접 했을 때 실전 연습이 더 잘 됩니다.

카메라를 의식하지 않고 말할 수 있도록 삼각대에 카메라를 고정하고, 부모와 아이가 편하게 대화를 나눕니다. 오늘 하루 중 가장 좋았던 일과 아쉬웠던 일을 말하고 촬영한 영상을 되돌려보세요. 화면 속 자신의 모습을 보면서 어떻게 하면 이야기가 더 재미있게 들리는지 대화를 나누면 더욱 좋습니다.

단어 카드로 이야기 생산하기

집에 있는 단어 카드를 활용한 놀이입니다. 30~50장 정도의 단어 카드를 섞은 뒤, 눈을 감고 카드를 3장 뽑습니다. 뽑힌 카드의 단어를 활용해 이야기를 만들어보세요. 예를 들어 '오리', '비행기', '사과'를 뽑았다면 이 3가지 단어를 넣어 말하기를 해보는 거죠.

보통 아이들은 '오리가 비행기를 타고 사과를 먹으러 갔습니다.'처럼 단순한 글짓기를 하기 때문에 규칙을 하나 더 정해야 합니다. 육하원칙에 해당하는 내용이 들어가야 하고, 최소 세 문장 이상을 말해야 한다고요. 아래의 예시를 보면 이해가 더 잘 될 겁니다.

"어느 더운 여름날(언제), 지오는(누가) 용인의 공원에서(어디서) '오리'를(무엇을) 봤어요. 그 오리는 뒤뚱뒤뚱 걸어서 땅에 떨어진 '사과'를 먹고 있었습니다(어떻게). 지오는 그 사과를 들어서 오리에게 먹여주었어요. 왜냐하면 오리가 힘겹게 먹고 있었거든요(왜). 지오는 오리와 함께 평소 가고 싶었던 하와이에 '비행기' 타고 가는 상상을 했답니다."

이렇게 가족끼리 모여 놀이를 한 뒤, 누가 만든 이야기가 제일 재밌고 기억에 남는지 투표해보면 더 즐거울 거예요.

경험이 쌓이면 '미엘린'이 두꺼워진다

혹시 TV 프로그램 '생활의 달인' 아세요? 특정한 일에 숙달되어 달인의 경지에 오른 사람들이 나오는 프로그램입니다. 평범한 사람들이 이런 능력을 갖출 수 있는 이유는 같은 작업을 오랜 시간 반복했기 때문입니다.

우리의 뇌에는 '뉴런'이라는 신경세포가 있는데요. 반복된 경험이 쌓이면 뉴런을 감싸는 피복 전선 형태의 신경 물질 '미엘린'이 두꺼워집니다. 미엘린은 어떤 작업을 빠르고 효율적으로 할 수 있는 기본 장비 역할을 하지요.

제가 경력이 쌓일수록 말을 점점 더 잘하게 된 이유가 여기에 있습니다. 말하기도 준비과정을 반복적으로 훈련하면 숙련이 되거든요. 수많은 연습으로 뇌 안에 말하기 프로세스가 장착되어 있어서 불시에 발표해야 할 때도 조리 있게 말할 수 있는 거지요.

말하기 준비순서는 '계획-조직화-우선순위-상세화-응용-모니터링'의 6단계로 구성됩니다. 각 항목은 '전두엽'의 기능을 활성화하지요. 6단계가 각각 무엇을 의미하는지 이해를 돕기 위해 공부에 빗대어 예를 들어볼까요?

계획 공부의 큰 그림을 그린다
조직화 플래너로 공부 범위와 시간을 분배한다
우선순위 공부할 게 많을 때는 중요도 순서로 공부한다
상세화 공부한 내용을 타인에게 설명한다
응용 배운 내용을 응용한 활용 문제를 푼다
모니터링 시험이 끝나면 오답 노트를 적는다

위 6단계 안에서 '대치동 공부법'으로 손꼽히는 메타인지가 적용되고 있죠? 아는 것과 모르는 것을 구분하고 응용하며 오답 노트를 활용하는 기능입니다. 이 6단계를 말하기에도 적용할 수 있습니다. 그러면 발표력도 키울 수 있고, 듣는 사람의 입장을 고려해 내용을 구성하는 논리적인 말하기도 가능해지죠.

이 기능들을 강화하면 미엘린이 두꺼워져서 공부 머리가 만들어집니다. 즉 말을 제대로 잘하는 훈련을 한다면 공부 머리도 같이 키울 수 있지요. 이런 전두엽의 기능들을 말하기 6단계로 적용해보겠습니다. 순서는 다음과 같습니다. 저는 스피치 교육을 할 때 아이들이 이 과정에 익숙해질 때까지 반복해서 연습을 시킵니다.

순서	항목	청자의 생각
1	계획	주제가 뭐야? 누구한테 하는 얘기야? 말하는 분량은?
2	조직화	어떤 흐름으로 얘기하는 거야?
3	우선순위	그래서 뭐가 중요하다는 것이지?
4	상세화	이해가 잘 안 돼. 설명해 줘.
5	응용	좀 더 잘 이해되거나 기억할 수 있게 말해줄래?
6	모니터링	좋았어! 그런데 이런 부분은 좀 더 보완해 줘.

물론 처음에는 6단계를 익히는 데도 오랜 시간이 걸립니다. 수업 시간 내내 각 순서에 맞는 내용을 찾는 데만 에너지를 다 쓰게 되지요. 하지만 짧게는 3개월, 평균적으로는 8~12개월간 꾸준히 연습한 아이들은 발표 주제가 정해지자마자 '계획하기-조직화하기-우선순위'의 순서를 바로 결정하는 능력을 갖추게 됩니

다. 그 결과 '상세화-응용' 단계에서 자기가 말하고자 하는 내용에 필요한 키워드만 보고도 논리적으로 발표할 수 있게 되지요. 또 촬영한 영상을 모니터링하기 전부터 그날 말하기에서 무엇을 잘했고, 무엇이 부족했는지 스스로 인지하고 있습니다.

다음에 이어지는 자기소개는 실제 수강생의 사례입니다. 수업 첫 시간에는 두서없이 자기소개했던 친구가 이 훈련을 거쳐 30초가량의 준비 시간만으로도 상대방의 기억에 남는 멋진 자기소개를 해냈습니다.

말하기 수업 하기 전

"(원고로 얼굴을 가린 채) 저는 해안초등학교 3학년 김바다입니다. 저는 서울에 살고 있고요. 저는 이런 발표하는 거나 사람들 앞에서 말하는 걸 잘하지 못합니다. 저는 꿈이 축구 선수가 되는 것이고, 저가('제가'가 아니라 '저가'라고 말하는 아이들이 많습니다) 잘하는 건 축구입니다. 끝났어요. 선생님!"

말하기 6단계를 훈련한 후

"(키워드가 적힌 큐카드만 든 채) 저는 해안초등학교 3학년 김바다입니다. 바다같이 넓은 마음으로 살라고 부모님께서 이름을 '바다'라고 지어주셨어요. 그래서인지 친구들에게 친절하고, 잘 웃는 게 저의 장점입니다.

저는 축구를 좋아하고 잘합니다. 그래서 손흥민 선수처럼 바다를 건너가 세계적으로 유명하고 실력 있는 축구선수가 되는 게 꿈이에요. 그런 선수가 되기 위해 지금도 매일 2시간씩 운동장에서 훈련합니다.

어른이 되면 꼭 전 국민이 자랑스럽게 생각하는 축구선수가 될 거예요. 오늘 여러분을 만나게 되어 반갑고, 축구를 좋아하는 친구들이 있다면 친하게 지내고 싶습니다. 감사합니다."

이런 훈련은 평소 학교에서도 이뤄지는데요. 과목별로 주제 발표, 모둠 발표 그리고 토의·토론이 바로 그런 연습 과정입니다. 이렇게 계속한다면 남들 앞에서 우물쭈물하거나 말을 잘하지 못하는 아이의 스피치 브레인도 깨워줄 수 있습니다. 자신의 의견을 정리하여 말하는 훈련을 꾸준히 한 친구는 영재원이나 고입, 대입 면접에서도 어렵지 않게 답변할 수 있겠지요.

Step 2.

스피치 브레인 키우기

3

결정적인 순간에
말을 잘하려면

"아이가 자기 의견을
똑바로 얘기하지 못해요."

"학원에서 토론 수업을 했는데,
한 마디도 못했다며 울더라고요."

"자기 생각만 고집하느라 친구들과
종종 마찰이 생기곤 해요."

"아이가 교육청 영재원에 지원하면
꼭 면접에서 떨어져요."

부모 세대에게 토의·토론은 익숙하지 않은 수업 형태입니다. 하지만 점점 교육과정에 토의·토론 수업이 늘어나면서 우리 아이들에게 가장 중요한 것은 '자신의 의견을 논리적으로 말하여 설득하고, 타인의 의견을 잘 수용할 수 있는 능력'이 되었습니다. 이러한 능력은 당연히 스피치 브레인을 키우기 위해서도 필요하지요.

토론은 어떤 논제에 대한 찬성과 반대 의견을 나누는 것이고, 토의는 논제에 대한 다양한 의견을 검토하고 합의하여 가장 좋은 의견을 선택하는 과정입니다. 실제로 초등학교에서는 촉법소년 같은 사회적 문제부터 반려동물, 음식물 쓰레기 처리처럼 일상적인 내용까지 다양한 주제로 토의·토론을 진행합니다. 역사, 과학 수업 시간에 토의·토론을 접하기도 하지요. 그만큼 중요하기 때문입니다.

토의·토론은 왜 교육과정에서 늘어나고 있을까요? 논제에 대해 의견을 말하면서 자신감과 자존감을 길러주기 때문입니다. 논리적인 근거를 대기 위해서는 독서를 많이 해야 하지요. 풍부한 배경지식이 있어야 하니까요. 주장과 근거를 말하고 상대방의 질문에 답하는 과정을 통해, 자연스럽게 메타인지를 습득할 수 있습니다. 무엇보다 경청의 자세를 통해 다른 사람의 의견을 얼마나 수용하고 공감하는지를 경험할 수 있습니다. 이번 장에서는 말하기 훈련을 다각화하여 스피치 브레인을 크게 키워주는 방법을 알아보겠습니다.

Step 2. 스피치 브레인 키우기

아는 것과 모르는 것을 구분하는 '메타인지'

"일주일 용돈을 얼마로 할까?"

"이번 주말에 어디로 놀러 갈까?"

"오늘 저녁은 무슨 메뉴를 먹을까?"

"친구 생일에 선물은 어떤 걸 살까?"

모두 아이와 한 번쯤 해봤을 법한 대화지요? 이렇게 토의·토론은 일상에서부터 시작합니다. 토의·토론을 잘하기 위해서는 말하기 스킬을 배우기보다, 생활 속에서 생각하는 습관을 기르는 게 중요합니다. 특히 다른 사람의 말을 귀담아듣는 '경청'은 토의·토론을 잘하기 위해 갖춰야 할 필수적인 요소입니다. 경청 능력은 학습을 넘어 일상의 말하기에도 긍정적인 영향을 미칩니다.

　초등학교 수업뿐 아니라, 대입 면접시험도 토론 형식으로 바뀌고 있습니다. 지식을 확인하는 문답 형식을 벗어나, 하나의 주제를 두고 찬성과 반대 의견을 묻는 거지요. 토론하는 모습을 보면 아이의 학습 능력뿐 아니라 앞으로의 가능성, 기본적인 인성까지 평가할 수 있거든요.

　토론을 잘하기 위해서는 먼저 공감과 경청의 자세를 배워야 합니다. 토론 수업을 하다 보면 자기 말만 옳다고 따지거나, 상대방의 말은 듣지 않고 자기 말만 앞세우는 아이들을 종종 만납니다. 상대방을 설득하기 위해서는 먼저 그 사람의 생각이 무엇인지를 알아야 합니다. 그러려면 우선 잘 들어야 하겠지요.

아이와 TV 볼 때 메모장을 챙겨라

　토의·토론을 하다 보면, 상대방의 말을 놓쳐서 "뭐라고 하셨죠?"라고 되묻는 아이들이 많습니다. 메모하며 듣는 습관이 없기 때문이지요. 듣고 메모하는 놀이는 아이의 경청 능력을 키워줍니다. 창의성 훈련에서도 이 놀이가 언급되는데요.

아이들이 쉽게 외울 수 있는 광고 CM송을 들려준 뒤, 퀴즈를 맞히게 하거나 아이가 이해하기 쉬운 뉴스를 들려주고 기억나는 단어, 핵심 단어를 적고 그 내용을 설명하도록 하는 겁니다. 이 연습은 청각 집중력을 키울 수 있어서 수업 시간에 선생님 말씀을 잘 듣고 학습 능력을 키우는 데도 도움이 됩니다. 어렵게 느껴진다면 우선 아래 예시를 따라 해보세요.

• 치킨 광고 CM송을 듣고 퀴즈 맞히기
"'가마솥에 튀겨서 맛있습니다. 노랑노랑 통닭'이라고 노래가 나오네. "노랑통닭이 바삭한 이유는 뭐지?"

• 일기예보 영상을 보고 퀴즈 맞히기
"오늘 비가 오는 지역은 어디야?"
"바람이 세게 부는 이유는 뭘까?"
"우리 지역 낮 최고 기온은 몇 도래?"

이런 활동을 한 뒤에는 어떤 부분을 귀 기울여 듣지 않았는지, 다른 사람의 말을 들을 때 어떻게 해야 하는지 이야기를 나눠보세요.

"너의 생각을 충분히 이해해."

아이들이 자신 의견을 말하기 꺼리거나 두려워하는 이유는 '거절당했던 경험' 때문인 경우가 많습니다. 틀릴까 봐 혹은 내 의견이 너무 하찮은 것일까 봐 말하지 못하는 거죠. 아이의 자신감과 자존감을 키우기 위해 작은 의견이라도 존중해서 들어줘야 합니다. 그렇게 들어주는 누군가가 있으면 나의 의견을 말하기가 훨씬 쉬워지고, 다른 누구보다도 부모가 그 누군가가 되어 주는 것이 바로 자존감 자신감을 키우는 방법이지요.

앞에서 언급했던 '그렇구나' 게임이 도움될 겁니다(38쪽 참고). 실제 토론에서도 상대방을 설득하는 방법의 하나가 바로 공감하는 말하기입니다. 반론을 들었을 때 "그런 게 아니고"라고 시작을 하면 서로 감정싸움으로 번질 수 있습니다. "그렇게 생각할 수 있습니다. 충분히 이해합니다." 등으로 먼저 부드럽게 말함으로써 설득당할 수 있도록 마음을 열어주어야 의견 개진이 쉬워집니다.

신생아를 바라보듯 호기심을 가져보자

유아기 때는 세상의 모든 게 궁금해서 하루에도 수십 번씩 "왜?"라는 질문을 쏟아내죠. 그러던 아이가 크면서 사물과 현상을 당연하게 받아들이고, 주입식 교육에 익숙해집니다. 그 결과 "왜?"라는 질문이 사라지죠. 일상의 작은 것부터 다시 "왜?"라고 질문하는 습관을 들여주면 아이의 생각 주머니가 커질 겁니다.

"지훈이는 목욕할 때 왜 머리부터 감아?"
"지선이는 오늘 왜 분홍색 드레스를 입고 싶을까?"
"미정이는 오늘 왜 친구한테 놀자고 했어?"
"종호는 오늘 왜 수학 공부를 했어?"

단, 이때 딱딱한 말투로 묻는다면 아이는 혼난다고 생각해 주눅이 들 수 있어요. 정말 궁금하다는 표정과 말투로 부드럽게 질문해주세요. 반대로 아이가 "왜?"라고 물을 때도, 귀찮아하지 말고 친절하게 설명해주어야 합니다. 이렇게요.

"엄마는 왜 그 구두를 신는 거야?"
"이 구두를 신으면 좋은 일이 많이 생기거든."

"아빠는 왜 그 가방만 들고 다녀?"

"서류 챙길 일이 많아서 넉넉한 크기의 가방이 필요하거든."

같은 질문에 "돈 없어서 그냥 이걸로 버티는 거야!"라거나 "쓸데없는 질문 좀 그만해!"라는 식으로 응대한다면, 아이는 궁금한 게 있어도 더 이상 질문하지 않을 겁니다.

아이의 질문에 대답하기 전, 그 답을 듣는 아이들의 생각과 감정이 어떻게 달라질지 상상해보세요. "왜?"라는 물음에 친절한 대답을 자주 들은 아이는 세상에 대한 호기심과 탐구 능력이 향상되어 토의·토론에서도 창의적인 답변을 할 수 있습니다.

토론이 놀이가 되는 마법의 주문

아이가 작은 의견이라도 주장을 한다면 "그래."라는 대답으로 끝내지 말고 "왜냐하면?"이라고 질문해보세요.

"엄마, 나 이번 주에 연우랑 놀고 싶어."
① "어, 그래!" (✗)
② "왜냐하면?" (○)

①과 ②의 답변을 들은 아이의 생각은 어떻게 다를까요? ②의 "왜냐하면?"이라는 질문을 받은 아이는 당연하게 생각했던 사실을 한 번 더 생각하며 근거를 찾는 연습을 하게 됩니다. "음… 연우가 게임을 잘해서. 연우랑 놀면 재밌으니까!" 그 과정에서 친구와 노는 시간의 의미를 소중하게 받아들일 수 있죠.

저는 아이들과 스피치 수업을 할 때도 "왜냐하면?"이라는 질문을 자주 사용합니다. 아이들이 "선생님, 오늘 스피드 게임해요."라고 말할 때 "왜냐하면?"이라고 질문을 던지는 식인데요. 어휘력을 키울 수 있다, 제스처 연습을 할 수 있다 등 각각 자기가 생각하는 다양한 근거를 대서 설득하는 모습이 인상적이지요. 하루는 "얘들아, 오늘 발표 순서는 뽑기로 하자."라고 말했어요. 그러자 아이들이 "왜냐하면?"이라고 역질문을 던졌습니다. 질문 하나로 자연스레 토론 놀이가 시작되는 겁니다.

이 습관을 지닌 아이들은 사춘기가 되었을 때도 부모와의 갈등을 슬기롭게 풀어나갈 수 있어요. 스마트폰 구매, 친구 관계, 진로 등 부모와 부딪히게 되는 문제에 관해 이야기를 나눌 때 감정적으로 고집을 부리기보다 자기 입장을 논리적으로 정리해서 말할 수 있습니다.

미국 학생들은 왜 질문이 많을까?

평소 가족끼리 토의·토론을 자주 해보는 건 어떨까요? 아이가 학교에서 배우는 교과 내용을 주제로 하면 더 효과적이겠지만, 토론의 재미를 느끼기 전까지는 이런 주제가 오히려 아이들에게 부담으로 느껴질 수도 있습니다. 우선 가볍게 일상생활과 관련짓고 이어나가는 것입니다. 주제는 일상생활부터 독서 내용까지 다양하게 만들 수 있습니다.

• **토의 주제**

"이번 겨울방학 가족 여행은 어디로 가는 것이 좋을까?"

"생일 파티에 어떤 친구들을 초대할까? 어떤 놀이를 할까? 어떤 음식을 준비할까?"

"아낌없이 주는 나무를 위해 할 수 있는 일은 무엇일까?"

• **토론 주제**

"수정이가 친구들과 파자마 파티하는 것이 괜찮을까?"

"지금 은하가 스마트폰을 쓰는 게 좋을까?"

"아낌없이 주는 나무가 소년에게 했던 행동이 과연 옳을까?"

• 토의·토론을 할 때는 다음의 항목을 유의해서 진행해 봅니다.

① '근거 3가지를 들어서 자기의 입장 말하기 → 반론 반복 → 앞에서 언급한 내용을 요약해 최종결론 말하기' 순서로 발언하기

② 어떤 의견이라도 서로 긍정하고 공감해 주기

③ 아이의 말은 눈을 보며 끝까지 들어주기

④ 상대방의 말을 끝까지 듣기

⑤ 답변은 시간을 정해서 하기

⑥ 서로 입장을 바꿔서 말해보기

⑦ 토의·토론 내용을 정리하고 느낀 점 말하기

토의·토론 습관을 기르며 일상의 큰 변화가 생긴 친구들의 사례를 소개하고 싶습니다. 서로 자기 입장만 얘기하느라 싸우기 바빴던 초등학생 3학년, 5학년 자매가 있었습니다. 물론 처음에는 토론이 말싸움으로 번지기 일쑤였지요.

그런데 앞서 소개한 방법으로 공감과 경청의 태도를 배우면서 180도 달라졌습니다. '아파트에서 애완동물을 키워야 할까?'를 주제로 토론을 진행했습니다. 토론 전 찬성을 주장했던 동생은 수업 규칙에 따라 반대로도 입론과 반론을 진행했는데요. 수업 후 소감을 말할 때 "반대하는 사람들을 보면 답답했는데, 제가

그 상황이 되어 보니까 이제는 그 사람들을 이해할 수 있게 됐어요."라고 말합니다.

이 친구들은 토의·토론 시간이 제일 재미있는 이유가 '내 생각을 말하고 다른 사람의 의견을 들으니 더 좋은 생각들이 떠올라서'라고 했습니다. 매일 싸우던 둘의 사이는 당연히 좋아졌겠지요? 방을 나누어 쓰는 문제, 옷을 함께 입는 것 등 사소한 문제도 사이좋게 토의하고 토론하면서 문제해결을 하고 있습니다.

뇌에 긍정적인 이미지를 각인시켜라

"아이가 교육청 영재원 지원하면 꼭 면접에서 떨어져요."

"자기소개서가 없어지고, 면접 비율이 높아진다는데 어떻게 준비하죠?"

"학교에서 발표도 잘했던 아이인데 면접 자리에서는 얼음이 되네요."

태어나서 사회생활을 하기 전까지, 아이들은 몇 번의 면접을 볼까요? 작게는 학교 동아리 가입부터 시작해서 크게는 특목고 입학, 대학 입시, 취업 면접까지 인생의 중요한 관문마다 면접이 줄줄이 이어집니다. 특히 대학 입시에서 면접의 중요성은 더욱 커지고 있습니다. 면접 점수의 비율이 30~50%를 차지하기 때문에 등락이 바뀌는 경우가 비일비재하죠.

　　최근 서울의 주요 상위권 대학들은 학생부 100%로 합격자를 선발하던 학생부교과전형에서도 면접 평가를 추가로 도입한다고 발표했습니다. 스피치를 배우러 오는 아이 중에서도 입시 면접을 최종 목표로 준비하는 친구들도 많은데요. 면접에 대한 경험도, 배움도 없다 보니 다들 막막해합니다.

　　"자기소개해보세요."

　　"지원동기가 무엇인가요?"

　　"자신의 장단점을 얘기해보세요."

　　"가장 인상 깊게 읽은 책은 무엇인가요?"

　　"취미나 특기가 있나요?"

　　"우리가 당신을 뽑아야 하는 이유는 무엇인가요?"

　　요즘은 면접의 형태도 다양해지고 있습니다. 과거에는 단순히 서류에 적힌 내용을 확인하거나, 개인적인 성향을 묻는 위와 같은 질문이 대부분이었습니다. 지금은 심층 면접으로 지원자를 뽑습니다. 온라인상에 '자주 나오는 면접 질문' 등의 정보가 공유

되면서 학생들의 대답이 천편일률적으로 나오는 데다가, 단순한 질문으로는 지원자의 학습 역량이나 인성을 다각도로 평가하기가 어렵거든요. 면접은 10~30분 정도의 짧은 시간 내에 인생의 방향이 결정되는 중요한 자리입니다. 우리가 면접을 두려워하는 이유죠.

저 역시 아나운서가 되기 위해 수없이 많은 면접을 봤습니다. 그러면서 합격과 불합격을 가르는 면접 노하우를 터득하게 되었고, 그 노하우를 아이들에게 적용하고 있습니다. 영재원 면접을 준비했던 아이가 국제고등학교 면접 준비를 의뢰하고, 대입과 취업까지 계속 찾아올 정도로 효과가 좋았습니다.

제일 안타까운 것은 면접에 대한 두려움 때문에 면접이 없는 전형을 택하면서, 정작 자신이 지원하고자 하는 대학과 학과를 포기하는 경우인데요. 면접에 대한 이해를 높이고 준비하면 우리 아이들이 꿈을 포기하지 않고 면접을 잘 볼 수 있습니다. 이번에는 그 노하우를 알려드리겠습니다.

제가 면접 스피치 강의를 할 때마다 첫 페이지를 여는 메시지가 있습니다. 지피지기백전불태知彼知己百戰不殆, 나를 알고 상대를 알면 위태로울 게 없다는 것이죠. 우선 면접을 왜 보는지 알아야 합니다. 면접은 서류에서 미처 하지 못한 이야기를 말로 풀어내는 평가 과정입니다. '어떻게 그 짧은 시간 안에 한 사람을 다 볼

3. 결정적인 순간에 말을 잘하려면

수 있어?'라고 생각할 수 있겠지만, 서류를 통해 확인한 기본적인 역량을 최종으로 확인하는 단계인 겁니다.

'말을 섞어 보면 그 사람을 알 수 있다'라는 말이 있듯, 면접 관들은 대화를 통해 지원자의 기본저인 소통 능력을 파악합니다. 여기서 소통 능력은 단순히 말을 주고받는 능력이 아니라 다른 사람을 대하는 태도, 지식을 대하는 태도, 학교와 기업을 대하는 태도까지도 포함하죠.

그렇다면 면접관의 심리를 잘 읽는 게 먼저입니다. 면접관들 은 서류를 통해 면접자를 미리 파악하고, 어느 정도 점수화한 상 태에서 지원자를 만납니다. 이 자리에서 지원자의 이미지가 기대 에 미치지 못한다면 좋은 점수를 주기가 어렵겠죠. 자신감 있는 모습으로 면접에 임한다면 합격 가능성이 높습니다. 다음의 4가 지 방법으로 면접관에게 자신의 이미지를 긍정적으로 각인시켜 보세요.

초두효과

초두효과란 처음 제시된 정보 또는 인상이 나중에 제시된 정 보보다 기억에 더 큰 영향을 미치는 현상을 의미합니다. 한마디로 첫인상이 중요하다는 말이지요. 면접 장소에 들어가자마자 밝게 웃으며 인사하고, 면접이 시작되면 면접관의 질문에 따라 원하는 내용으로 대답합니다. 보통의 면접자들은 질문을 받으면 장황하게 배경부터 설명하죠. 예를 들면 이런 식입니다.

잘못된 답변

"저는 원래 과학 선생님이 꿈이어서 교육봉사와 상담 활동을 했습니다. 하지만 과학 점수가 잘 나오지 않고, 아이들을 가르치는 과정에서 '내가 잘 할 수 있을까?'라는 의문이 들기 시작했습니다. 그래서 제가 관심 있어 하는 분야를 찾기 위해 노력했는데요. 그 과정에서 유전자 공학과 신약 개발에 관심이 있다는 걸 알게 됐습니다."

어떤가요? 너무 구구절절하게 들리지요. 면접관은 이 대답을 들으며 '그래서 하고 싶은 이야기가 뭐지?'라는 질문이 계속 떠오를 겁니다. 앞서 말한 답변을 이렇게 바꿔보면 어떨까요? 장황한 설명 대신, 결론을 바로 말하면 더 좋은 인상을 남길 수 있거든요.

좋은 답변

"제 꿈은 암 환자를 치료할 수 있는 신약 개발을 하는 연구원이 되는 것입니다. 학창 시절 교사가 되겠다는 꿈을 꾸며 교육봉사활동을 하던 중, 암으로 투병 중이신 할아버지와 함께 지내는 아이를 만나게 되었습니다. 아이는 할아버지의 병간호로 힘들어했고, 자신도 암에 걸릴지 모른다는 생각에 불안해했습니다. 이 모습을 보며 유전자와 신약에 대한 관심을 갖게 되었습니다."

지원동기와 진로 역량에 관한 내용이 바로 나오니 훨씬 더 이해가 잘되지 않나요? 면접관으로서는 속이 뻥 뚫린 듯 시원해질 겁니다. 줄곧 장황하고 지루한 답변을 듣다가, 원하는 내용을 곧바로 말해주는 지원자가 등장했으니까요. 해당 지원자에게 좋은 점수를 주게 되는 건 당연한 결과겠죠?

뻔한 이야기를 다르게
들리게 만드는 방법

어느 면접이든, 서류 전형을 통과한 지원자들의 성적은 대개 비슷합니다. 교육과정이 학교마다 비슷하다 보니 면접 답변도 비슷하게 나오기 일쑤죠. 예컨대 생명과학에 관심이 있는 학생들은 유전자를 공부하며 활동했던 교과 활동을 말하고요. 바른 인성을 내세우고 싶을 때는 교내 합창대회, 체육대회, 축제를 준비하며 겪었던 갈등을 해결한 에피소드를 말하는 경우가 많습니다.

하지만 평범한 경험도 자기가 의미 있게 느낀 부분을 묘사해주면 나만의 이야기가 됩니다. 어떤 일을 통해 배우고, 느끼는 것은 사람마다 다르니까요. 그 경험을 육하원칙이 들어간 문장으로 그림을 그리듯 설명해보세요. 훨씬 더 고유한 이야기처럼 들립니다. 아래의 2가지 답변을 비교해서 읽어보세요.

"2학년 때 축제 부스를 맡아 준비한 적이 있습니다. 주제를 정하는 것부터 활동 내용까지 부원들의 의견이 모두 달라 갈등이 발생했지만, 저는 조장으로서 조원들의 의견을 취합해 모두 즐겁게 활동할 수 있도록 이끌었습니다."

"2학년 축제 때, 과학 동아리의 부스를 운영한 적이 있습니다. 학생들이 참여할 수 있는 과학 실험을 준비하는 것이었죠. 그동안 공부했던 주제가 많아서 부원들 모두 다양한 의견을 냈지만, 결론은 나지 않은 상황이었습니다. 그때 저는 동아리 회장으로서 단체 대화방을 만들고, 방과 후 회의를 진행해 각 부원의 의견을 듣고 가장 효율적인 방법을 찾는 방향으로 이끌었습니다.

그 결과 알루미늄 전도체를 활용한 배 만들기와 손난로 만들기 체험을 진행했고, 참가자들의 반응이 좋아 부스 운영을 잘 마칠 수 있었습니다. 자신의 의견이 채택되지 않아 속상해하던 부원들에게는 격려해주며 자기가 맡은 역할을 잘 해낼 수 있도록 이끌었습니다.”

두 답변 모두 축제 부스를 운영한 경험을 이야기했지만, 두 번째 답변을 들으면 이 학생이 어떤 활동을 어떻게 했는지에 대한 그림이 그려지죠? 이렇게 스토리텔링으로 이야기를 풀어가야 다른 지원자와 차별화되는 나만의 경험을 살릴 수 있습니다.

에빙하우스의 망각 이론

스토리텔링으로 만들어진 학생의 답변을 듣다 보면, 면접관은 그 이야기에 푹 빠지게 됩니다. 그러면서 '이 이야기를 통해서 하고 싶은 말이 무엇일까?'라는 생각을 하게 되죠. 이때 다시 한 번 결론을 언급해주면 면접관에게 확실한 인상을 남길 수 있어요. 바로 '에빙하우스의 망각 이론'에 따른 결과입니다. 앞에서도 소개했듯이 에빙하우스의 망각 이론에 따르면, 뇌는 10분만 지나도 앞서 들은 이야기의 50%가량을 잊어버리거든요.

이때 이 경험을 통해 지원하는 곳에서 발휘하게 될 자기의 역량을 강조하면 됩니다. 이렇게요. "이렇게 다양한 의견을 모으고 이끌었던 경험으로 모둠 활동에서도 리더로서의 역량을 발휘할 자신이 있습니다. 입학 후 다양한 활동에서도 다른 친구들과 어울려 활동할 것입니다."

태도는 결정적인 작용을 한다

면접관들에게 면접에서 가장 중요한 게 무엇이냐고 물으면 대부분 자신감을 꼽습니다. 탄탄한 논리와 풍부한 경험 같은 콘텐츠에서 나오는 자신감도 있지만, 이런 내용을 말하는 목소리와 태도 또한 자신감을 평가하는 기준이 됩니다.

우리가 대화를 나눌 때, 여러 가지 요소로 상대방을 평가하게 되는데요. 심리학자 앨버트 메라비언Albert Mehrabian이 말한 '메라비언의 법칙'에 따르면 답변 내용도 중요하지만, 그 의미가 제대로 진정성 있게 전달되기 위해서는 시청각적 요소인 목소리와 자세, 태도 등도 못지않게 중요합니다.

아무리 열심히 답변을 준비해도 면접장에서 자신 없는 태도로 말하면 소용이 없어요. 표정과 자세, 목소리에 당당히 힘을 주고 자신감 있게 말하는 연습을 꼭 해보세요.

나에 대한 에피소드를 10개 마련해두기

　　상대를 파악했으니, 이제 나에 대해서도 잘 알아야겠지요? 면접을 잘 볼 수 있는 본격적인 연습은 지금부터 시작입니다. 면접을 하나의 판매과정으로 생각하고 준비하면 훨씬 수월합니다. 경영학에서 물건을 판매하기 위해 상품을 분석하고 마케팅 전략을 짤 때 SWOT 분석을 하는데요. 이걸 스스로 적용해보는 겁니다. 이 과정에서 나에 대해 객관적으로 분석할 수 있습니다

　　자신의 장점Strength, 단점Weakness, 유리한 점Opportunity, 불리한 점Threat을 나누어 분석한 뒤, 장점과 유리한 점은 살리고 단점과 불리한 점은 개선할 방법을 생각해 보세요.

나를 드러낼
스토리를 수집하라

　SWOT 분석으로 정리한 '나의 요소'들을 드러낼 수 있는 스토리를 찾아봅니다. 자신의 장점이 '친구들의 말에 귀를 잘 기울이는 것'이라면, 사회 모둠활동을 할 때 친구들이 의견이 달라 발생했던 갈등 상황을 해결해나간 경험을 이야기하는 것이죠. 이렇게 각 장점과 유리한 점에 해당하는 에피소드를 구체적으로 떠올려 봅니다.

　다음으로 단점과 불리한 점에 해당하는 요소는 이를 극복하기 위해 어떤 노력을 하고 있는지 들려주면 됩니다. 예를 들어 과학 영재원을 준비하는데 과학 실험 경험이 부족해서 불리하다면, 이걸 극복하기 위해 "동영상 과학 채널을 통해 다양한 실험 영상들을 일주일에 3~4개씩 보며 나만의 실험 보고서를 쓰며 간접 경험을 쌓고 있다."라고 답변하면 되겠죠.

　보통 단점이나 불리한 점은 답변하기를 꺼립니다. 하지만 100% 완벽한 사람은 없습니다. 면접관은 해당 지원자가 어떤 노력을 하고 있는지도 중요하게 평가한다는 걸 기억하세요. 스토리를 수집하는 방법은 크게 2가지입니다.

일기 쓰기

학교생활을 하면서 활동일지를 써 보세요. 보통 고학년이 되면 1~2년 전의 활동을 자세히 기억하기 어려우므로 그때그때 미리 써두는 게 좋습니다. 수행평가로 진행했던 프로젝트의 실험 과정, 실험하며 친구들과 있었던 일, 새로운 지식을 발견했을 때의 뿌듯한 마음, 실험을 완료한 후 느낀 배운 점 등을 기록하는 겁니다.

한발 더 나아가 주변 사람들이 평소 나에 대해 이야기하는 것들, 예를 들어 "너는 이걸 참 잘해.", "이런 점을 고치면 좋겠어." 등을 적어두면 훗날 면접을 준비할 때 스토리를 수집하느라 머리를 쥐어짜지 않을 수 있어요. 만약 미리 적어두지 못했다면 혼자 고민하지 말고 면접 전, 주변 사람들에게 나의 장단점을 물어보세요. 답변을 준비하는 데 큰 도움이 될 겁니다.

독서 기록

누구나 직접 경험하는 데는 한계가 있습니다. 우리가 독서를 하는 이유는 그래서죠. 책을 읽으며 간접적인 경험을 늘릴 수 있거든요. 독서는 자신의 관심 분야, 지적 호기심을 채우는 경험이기 때문에 일기처럼 기록해두는 게 좋습니다.

최근 교육청 과학 영재원 면접을 준비하는 친구가 찾아왔습니다. 이 친구는 과학자가 되는 것이 꿈이었지만, 아직 초등학생이다 보니 경험이 부족했습니다. 그래서 지원 동기를 묻는 질문에 "아인슈타인 위인전을 읽고 밤낮을 가리지 않고 실험에 몰두하여 많은 이론을 세운 모습을 보며 물리학자의 꿈을 키우게 되었다."고 답변했습니다.

미리 독서일기를 써두면 이렇게 멋진 답변을 쉽게 준비할 수 있어요. 책을 읽은 것을 기록할 때는 '그 책을 선정하게 된 이유', '가장 인상 깊었던 부분', '책을 읽은 뒤 나의 행동과 마음의 변화' 등을 정리합니다.

이야기를 막힘없이 풀어나가는 오레오 기법

앞서 말한 2가지 방법으로 나에 대한 에피소드를 10~12개 정도 마련해두면 어떤 질문을 받아도 대답할 수 있습니다. 이때 자연스럽게 이야기를 풀어나가기 위해 앞에서 소개한 '오레오 기법'을 활용하면 좋습니다. 스토리텔링에서 언급했던 것처럼 면접관에게 나를 어필하기 좋은 말의 구조입니다.

예를 들어 "당신의 장점은 무엇입니까?"라는 질문에 앞서 준비한 답변인 '사회 시간 모둠 활동 경험'을 활용해 이렇게 대답할 수 있습니다.

Opinion(주장) 저의 장점은 다른 사람의 말에 귀를 잘 기울이는 것입니다.

Reason(이유) 왜냐하면 모둠 활동을 할 때, 서로 의견이 달라 충돌이 생기면 저는 상대방의 말을 끝까지 경청하고 결론을 내리기 때문입니다.

Episode(예시) 5학년 사회 시간에 어린이의 인권을 주제로 동영상을 만드는 모둠활동을 한 적이 있습니다. 인권 침해 상황을 재현하는 영상을 찍기로 했는데, 조원마다 자신이 하고 싶은 역할을 두고 다툼이 생겼습니다. 그때 저는 각자에게 왜 그 역할을 하고 싶은지 이유를 듣고 어떻게 역할을 정할지에 대한 방법을 물어봤습니다. 그 이유를 듣고 가장 어울리고 원하는 이유가 타당한 사람을 뽑는 투표를 진행하여 모든 조원이 골고루 역할을 맡을 수 있도록 이끌었습니다. 그 결과 기분 좋게 인권 동영상을 만들 수 있었고, 저희 모둠 모두가 칭찬을 받았습니다.

Opinion(결론) 저는 과학 영재원에서도 모둠활동을 할 때 조

3. 결정적인 순간에 말을 잘하려면

원들의 목소리에 귀를 기울이고 서로의 의견을 존중하며 활동을 할 것입니다.

여기서 오레오에 해당하는 내용은 면접 질문에 따라 적절히 바꿔주면 됩니다. 미리 에피소드만 준비해두면 질문이 무엇이든 편하게 대답할 수 있죠. 한 번 더 연습해볼까요? 만약 질문이 "리더가 갖추어야 할 역량은 무엇입니까?"라는 질문이라면 이렇게 할 수 있습니다.

Opinion(주장) 리더가 갖추어야 할 역량은 경청의 자세라고 생각합니다.

Reason(이유) 왜냐하면 구성원들의 다양한 생각을 듣고, 모둠이 가고자 하는 방향으로 이끄는 것이 리더의 중요한 자질이기 때문입니다.

Episode(예시) 5학년 사회 시간에 어린이의 인권을 주제로 동영상을 만드는 모둠활동을 한 적이 있습니다. 인권 침해 상황을 재현하는 영상을 찍기로 했는데, 조원마다 자신이 하고 싶은 역할을 두고 다툼이 생겼습니다. 그때 저는 각자에게 왜 그 역할을 하고 싶은지 이유를 듣고 어떻게 역할을 정할지에 대한 방법을 물어봤습니다. 그 이유를 듣고 가장 어울리고 원하는 이유가 타당한 사람을 뽑는 투표를 진행하여 모든 조원이 골고루 역할을 맡을 수 있도록 이끌었습니다. 그 결과 기분 좋게 인권 동영상을 만들 수 있었고, 저희 모둠 모두가 칭찬을 받았습니다.

Opinion(결론) 이 경험을 통해 저는 리더의 중요한 역량은 경청의 자세라고 생각하며 나중에 물리학자가 되어서도 사람들의 말에 귀를 기울이며 연구 활동을 이어나가도록 노력할 것입니다.

이렇게 몇 가지 에피소드를 준비해둔다면, 어떤 질문이 나와도 자연스럽게 나의 강점을 최대한 표현할 수 있습니다. 마치 요리의 육수처럼 나의 이야기를 적재적소에 꺼내 활용할 수 있는 거죠.

달인이 될 때까지 연습하라

낯선 상황에 맞닥뜨리면 누구나 당황하고 긴장합니다. 자신감이 떨어지고 목소리가 작아지는 건 당연한 일이죠. 그렇다면 사람들이 가장 자신감 넘칠 때는 언제일까요? 내가 아는 것, 해본 것을 할 때입니다.

면접도 마찬가지입니다. 학교 교실이나 집을 실제 면접장과 비슷한 환경으로 꾸며보세요. 실전 연습을 많이 하면 긴장하지 않고 면접에 임할 수 있습니다. 이때 삼각대에 카메라를 세워 놓고 촬영하며 영상에 찍힌 자기 모습을 꼭 확인해야 합니다. '내가 면접관이라면?'이라는 생각으로 말할 때의 자세, 표정, 태도, 제스처, 목소리 등을 평가하면 개선점이 바로 보일 거예요.

하루는 서울대학교에 지원한 학생이 면접을 앞두고 학원을 찾아왔습니다. 워낙 공부를 잘하는 친구였기에, 질문 하나만 던져도 술술 답변을 이어갔는데요. 답변의 내용은 훌륭했지만, 말하는 모습은 그렇지 않았습니다. 그 학생은 모의 면접을 촬영한 영상을 보고 "선생님, 제 모습이 충격적이에요."라고 말했죠.

답변하는 내내 다리를 떨고, 손을 휘젓고, 발음이 뭉개졌거든요. 문장마다 '그러니까'라는 추임새를 반복하고, 시선은 천장과 땅을 왔다 갔다 했습니다. 또 답변이 3분 이상으로 길어지니 중언부언하며 요점이 잘 들리지 않는 문제가 있었지요.

이 학생에게는 우선 안정적인 자세를 잡고, 꼭 필요한 부분에서만 제스처를 쓰라고 조언했습니다. 그 이후에는 스토리를 정리해 오레오 기법으로 답변하는 연습을 했죠. 한 질문 당, 1~2분 사이를 넘지 않게 말할 수 있도록 답변의 길이도 조정했습니다.

이렇게 실전 연습을 2주간 충분히 한 결과, 자신감 있게 면접을 봤고 서울대학교에 합격했다는 기쁜 소식을 전해주었습니다.

입장부터 퇴장까지, 실전처럼 면접을 경험하는 연습은 최소 10~20번 이상은 해야 합니다. 연습하면 할수록 익숙해지고 자신감이 넘치는 모습을 발견할 수 있을 거예요.

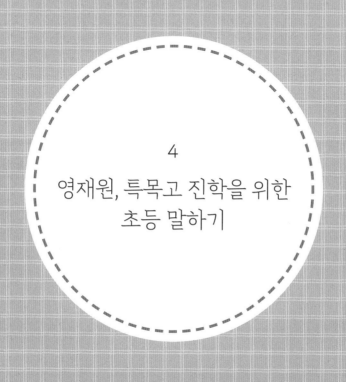

4

영재원, 특목고 진학을 위한
초등 말하기

"학교에서 주제발표를 한다는데
어떻게 준비해야 할까요?"

"다 아는 내용인데도 학교에서는
발표를 안 해요."

"회장 선거에 여러 번 떨어졌어요.
우리 아이는 회장감이 아닌가 봐요."

"아이가 영재원에 다니는데
산출물 발표 준비를 해야 해요."

조리 있게 발표하는 건 누구에게나 어렵습니다. 머릿속 가득 할 말이 떠올라도, 막상 남들 앞에 서면 어떤 순서로 어떻게 말해야 할지 막막하죠. 아나운서인 저도 처음에는 그랬습니다. 하지만 현장에서 쌓은 노하우로 '말하기 준비 매뉴얼'을 만든 뒤부터는 공식적인 말하기가 더 이상 어렵지 않았습니다.

저는 이 매뉴얼을 스피치 수업에도 적용하고 있는데요. 말하기 준비를 꾸준히 훈련하면 누구나 유창하게 발표할 수 있습니다. 이번 장에서는 학원에 다니지 않고도, 집에서 이 연습을 할 수 있는 방법을 알려드릴게요.

4. 영재원, 특목고 진학을 위한 초등 말하기

자기주장을 당당하게 표현하는 방법

말하기 준비 훈련을 꾸준히 한 친구들은 갑작스러운 발표는 물론이고 영재원, 특목고, 대입 면접 등에서도 어렵지 않게 자기 생각을 논리적으로 말할 수 있습니다. 단 몇 주의 훈련으로 말하기 실력이 느는 것은 이 매뉴얼 덕분인데요. 즉, 말하기에 앞서 준비하는 6단계 방법입니다. 아이와 함께 항목별로 차근차근 따라 해 보세요.

① 계획 : 1H 3W 알아보기

먼저 아래의 순서대로 말하기의 상황을 파악합니다. 어떤 형태의(How), 무슨 주제로(What), 누구를 위한(Who), 말하기를 어디서(Where) 하는지 계획해보는 단계입니다. 영문 앞 글자만 따서 1H 3W라고 이름 붙였죠. 정리하면 다음과 같습니다.

How 발표, 토론, PT, 면접 등 어떤 형태의 말하기인가?

What 말해야 하는 주제가 무엇인가?

Who 누구를 대상으로, 누가 말하는가?

Where 어디에서(사적인 공간, 교실, 강당, 온라인 또는 오프라인 등) 말하는가?

평소 밥상머리 대화나, 취침 전 대화를 할 때도 위의 항목을 짚어주며 말하면 더 도움이 될 거예요. "학교에서 있었던 일을 말해 볼까? 밥 먹는 동안 오늘 수현이가 현장체험학습 갔었던 일을 엄마 아빠에게 말해주면 좋겠어."라는 식으로요. 이렇게 하면 아이는 자연스럽게 자기 말을 듣는 대상이 누구인지, 그들이 궁금해하는 게 무엇인지, 어떤 상황에서 말하는 것인지 상기할 수 있습니다.

4. 영재원, 특목고 진학을 위한 초등 말하기

② 조직화 : 개요표 작성

말하기 상황을 파악했다면 다음은 개요표를 작성할 차례입니다. 글을 쓸 때처럼, 말을 할 때도 전체적인 그림을 미리 그리는게 좋거든요. 주제와 상황에 맞게 '서론-본론-결론'의 3단 구성으로 말할 것인지, '기-승-전-결'의 4단 구성으로 말할 것인지 정해봅니다. 보통 면접이나 토론을 한다면 3단 구성을, 특정한 주제로 발표한다면 4단 구성을 하는 게 일반적이에요.

학교에서 발표를 앞두고 있다면, 말해야 하는 내용을 마인드맵으로 그려봅니다. 이야기를 소주제별로 묶은 뒤, 말할 순서를 정하는 거죠. 마인드맵은 교과 시간에 배우기 때문에 초등학교 3학년 이상의 아이라면 쉽게 할 수 있을 거예요.

만약 아이가 마인드맵 그리기 어려워한다면 생활 속에서 조직화를 익히는 연습부터 해주세요. 밥상에서 반찬을 종류별로 묶어보거나, 장난감 정리를 사용 용도나 재질에 따라 구분해보는 겁니다. 이 과정을 통해 말할 내용을 상위 개념으로 묶어 나가는 조직화 연습을 할 수 있어요. '주제'라는 나무와 '부연 설명'이라는 가지 뻗기로 말할 내용을 정리하는 기본기가 생기는 거죠.

③ 우선순위 : 말의 순서 정하기

개요표를 작성하면서 말의 순서를 정할 때는, 듣는 사람이 듣고자 하는 것, 내용의 이해를 돕는 것을 기준으로 번호를 매깁니다. 예를 들어 방학 계획을 말한다면 '공부-여행-운동'의 순서로 말할 것인지, '여행-공부-운동'의 순서로 말할 것인지 정해보는 거예요. 마인드맵으로 개요표를 작성했다면 순서를 정한 뒤, 각 소제목 부분에 번호를 써놓고 익힙니다.

우선순위를 정하는 훈련은 집안일이나 공부에도 적용할 수 있어요. 일요일 오전, 온 가족이 대청소할 때 A4 용지에 해야 할 청소 목록을 쭉 적은 뒤, 청소할 순서를 정하고 각자의 역할을 나누는 거죠. 아이가 공부할 때도 학교 숙제, 학원 숙제, 예습과 복습 등을 시간과 중요도에 따라 순서를 정해보도록 합니다. 일상에서 이러한 훈련이 이루어지면 말하기의 우선순위를 판단하는 것도 더 빨라집니다.

④ 상세화 : 원고 작성

개요표 작성이 마무리되면, 말하고자 하는 항목별로 주제의 키워드를 뽑아보세요. 그 키워드를 바탕으로 시나리오를 작성합니다. 이때 말할 내용을 오레오 공식으로 스토리텔링하면 더욱 좋습니다. 아이가 원고 쓰는 것을 어려워한다면 먼저 키워드만 종이에 적어본 뒤, 그 키워드가 꼭 들어가도록 하되 평소 말투로 내용을 말하게 하세요. 아이 수준에 맞는 책을 필사하거나 강연 시나리오를 따라 말하는 것도 좋은 방법입니다.

⑤ 응용 : 비유, 속담, PPT, 소품 등

"비가 엄청 많이 왔습니다."
"비가 마치 폭포처럼 쏟아졌습니다."

"네가 기분 나쁘게 말하니까 나도 말이 곱게 안 나가잖아."
"가는 말이 고와야 오는 말도 고운 법이지!"

"비가 엄청 많이 왔습니다."라는 말보다 "비가 마치 폭포처럼 쏟아졌습니다."라는 표현이 훨씬 더 풍부하게 느껴집니다. 국어 시간에 배운 비유, 속담, 관용 표현을 말하기에 적용할 수 있도록 도와주세요. 같은 말도 속담과 관용 표현을 활용하면 다르게 들립니다. 같은 내용이라도 다르게 들리지 않나요?

파워포인트를 만들어 보는것도 발표를 다채롭게 만드는 방법입니다. 실제로 초등학교 6학년 국어 시간에는 '매체 자료를 활용하여 내용을 효과적으로 발표하기'라는 단원이 있습니다. 사진, 그림, 도표 등을 활용해 내가 말하고자 하는 내용을 시각적으로 정리해 듣는 사람의 이해를 돕는 배려의 과정이죠.

어린 시절부터 그림책을 보고 이야기를 '장면'으로 기억하는 훈련을 한 아이들은 파워포인트도 쉽게 만들 수 있어요. 그림책을 읽고 아이가 느낀점을 장황하게 말한다면 "이해가 잘 안 되는데, 그림으로 그려서 설명해줄 수 있겠니?"라고 말해보세요. 말하고 싶은 내용을 그림으로 표현하거나, 주제와 관련 있는 사진을 골라서 구성하면 금세 파워포인트가 완성될 겁니다.

파워포인트는 발표 시나리오를 완성한 후, 중요한 키워드와 이미지만 넣어서 만들도록 합니다. 보통 파워포인트에 원고 내용을 다 넣어서 발표할 때 커닝페이퍼처럼 보고 읽는 경우가 많은데요. 청자는 글자를 먼저 읽는 경향이 있어서 파워포인트 화면에 글자가 많으면 발표를 듣지 않게 됩니다.

⑥ 모니터링 : 객관적으로 평가하기

　　말하기 준비 훈련의 마지막은 내가 말하는 모습을 객관적으로 관찰하는 겁니다. 앞서 준비한 내용을 토대로 발표해보세요. 이 모습을 카메라로 촬영하고요. 발표를 마친 뒤에는 영상을 돌려 보며 다음의 기준으로 평가를 해봅니다.

- 말의 내용과 순서가 적절한가?(논리적인 구성)
- 표현이 적절한가?(구체적인 내용과 응용 표현)
- 제대로 전달되고 있는가?(목소리 크기, 말의 빠르기, 제스처 등)
- 듣는 사람을 배려하였는가?(내용의 구성, 표현력, 시선 처리 등)

　　이 과정에서 잘한 부분은 더 강조하고, 부족한 부분은 개선합니다. 공부할 때, 오답 노트를 쓰면서 실수를 줄이고 실력을 탄탄하게 만드는 것과 같은 이치지요. 이때 아이가 지나친 자신감으로 스스로 과대평가하거나, 낮은 자존감으로 과소평가하고 있지는 않은지 잘 살펴보세요. 아이가 잘한 부분은 칭찬하고, 부족한 부분은 격려해준다면 아이가 말하기를 준비하고 해내는 과정을 즐거운 배움으로 인식할 수 있을 거예요.

이해를 돕기 위해 예시를 준비했습니다. '나의 방학 계획'이라는 주제로 말하기 준비 훈련을 한다면 아래의 6단계 순서로 훈련 계획을 세울 수 있습니다.

순서	항목	발표자의 태도
1	계획	'2022년 여름방학'을 주제로 '우리 반' 친구들에게 '3분' 이내로 교실 앞에서 발표한다.
2	조직화	방학 목표(여행-공부-운동)-나의 다짐의 순서로 개요표를 작성한다.
3	우선순위	여행-공부-운동으로 조직화했지만, 부족한 공부를 채워야 하기에 목표로 공부를 우선하여 공부-여행-운동으로 수정한다.
4	상세화	역사 공부, 제주도 여행, 줄넘기 등 구체적인 내용을 준비한다.
5	응용	역사 공부 자료, 여행 사진 찍기, 줄넘기 사진을 준비, 각오는 속담으로 강조한다.
6	모니터링	'공부 부분의 내용이 부족한가? 말이 너무 빨랐나? 사진이 부족한가?' 다각도로 검토한다.

기억력을 돕는 '비주얼 싱킹'

"아이가 영재원에 다니는데 산출물 발표 준비를 해야 해요."
"정말 아이가 직접 파워포인트로 발표하나요?"
"학교 수행평가 준비로 맨날 PPT만 끌어안고 어려워해요."

2015년 개정된 교과 과정이 시행된 이후, 유독 초등학교 고학년의 프레젠테이션 코칭 문의가 늘었습니다. 실제로 일부 지역 초등학생들은 모둠별로 과학 실험을 진행한 뒤, 그 내용을 파워포인트에 정리해 발표하는 게 하나의 평가 과정입니다. 부모들은 아이들이 파워포인트를 다룰 수 있을지 우려하기 시작했죠.

그리고 얼마 전 6학년 아들이 국어책을 들고 와서는 '효과적으로 발표해요' 시간에 파워포인트를 활용한 발표에 대해 배운다고 알려줬습니다. 그만큼 PT가 중요해진 거죠. PT는 발표를 뜻하는 영단어 프레젠테이션Presentation의 약자입니다. 중학교에서도 PT가 중요하기는 마찬가지입니다. 내신 평가 방법이 바뀌면서 지필 고사보다 수행평가의 비중이 늘었거든요. 아이들을 창의 융합형 인재로 육성하겠다는 큰 목표 아래, 교과 성취도를 평가하는 방법이 많이 달라진 겁니다. 이제 책상 앞에 앉아 문제를 푸는 것뿐 아니라 토의·토론, 발표 등의 형태로 수행평가 점수를 매기는 경우가 많습니다.

교육청, 대학 부설 등의 영재원에서는 1년간의 과정을 마무리하며 산출물 발표를 합니다. 그동안 배우고 연구한 것을 정리해 많은 사람 앞에서 전달하는 시간인데요. 입시에 영향을 미치는 수상 경력까지 이루어지기 때문에 모든 학생이 신경 써서 준비하지요. 이번 장에서는 파워포인트를 활용해 PT를 잘할 수 있도록 실력을 키우는 방법을 알려드리려고 합니다.

교과 과정에서 PT 평가가 늘어난 이유는 '비주얼 싱킹Visual Thinking'을 돕기 위함입니다. 비주얼 싱킹은 자기의 생각과 글을 이미지를 통해 체계화해서 기억력과 이해력을 키우는 사고 방법입니다. 우리가 역사 공부를 할 때, 지문을 읽기만 하는 게 아니라 연도별로 일어난 사건을 연표로 정리하고 관련된 사진 등을 함께 보곤 하지요. 이것이 바로 비주얼 싱킹입니다. 교과 내용을 바탕으로 자기 생각을 한 번 더 정리하면서 도식화, 이미지화시켜 학습의 효과를 높이는 겁니다.

PT는 보통 파워포인트를 띄워두고 여러 사람 앞에서 발표하는 것입니다. 여기서 파워포인트는 발표 내용의 이해를 돕기 위한 '시각적 도구'입니다. 여행을 다녀와서 아름다운 풍경 사진을 보여주며 여행담을 들려주거나, 안내 브로슈어를 펼쳐 보이며 상품을 설명하는 것도 프레젠테이션과 같은 맥락의 말하기예요.

발표할 때 왜 파워포인트를 활용할까요? 사람의 오감 중 인식속도가 가장 빠른 게 '시각'이기 때문입니다. 우리는 눈으로 본 것을 더 잘 기억할 수 있어요. 인식의 속도가 빠른 만큼, 눈으로 본 정보가 뇌에도 더 빨리 저장되니까요. 집을 볼 때 방, 화장실, 거실의 개수와 위치를 말로 설명하는 것보다 도면을 한 번 보여주는 게 훨씬 효과적인 것과 같은 이치죠.

이렇게 파워포인트는 청중이 발표자의 말을 시각적으로 더 쉽게 이해하고 기억할 수 있도록 비주얼 싱킹을 만들어주는 도구입니다. 발표자는 자기 생각을 도식화해서 정리해 파워포인트 화면으로 만드는 과정을 통해 비주얼 싱킹을 할 수 있게 합니다.

✱ 시각 자료를 활용하여 효과적으로 발표해요 ✱

파워포인트를 활용해 PT실력을 키우는 연습 방법

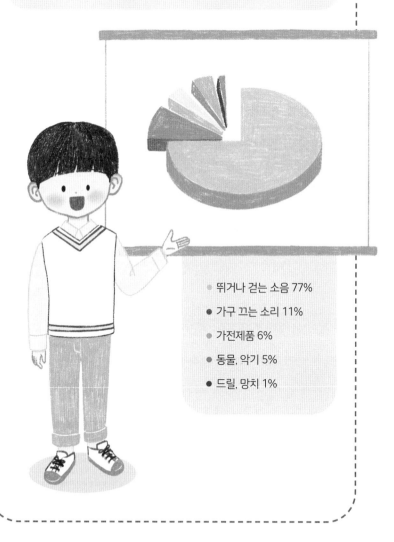

- 뛰거나 걷는 소음 77%
- 가구 끄는 소리 11%
- 가전제품 6%
- 동물, 악기 5%
- 드릴, 망치 1%

하지만 대부분 아이들은 파워포인트 안에 시나리오 대본을 붙여넣죠. 마치 커닝페이퍼처럼, 자기가 발표할 내용을 문장 그대로 써넣는 겁니다. 파워포인트를 발표자 입장에서 활용하기 때문이에요. PT 발표도 소통의 일종이기 때문에 청자 입장에서 활용해야 합니다. 게다가 파워포인트에 글자가 많으면 청자는 화면 안에 있는 글을 읽느라 발표자의 말이 들리지 않습니다.

발표자의 말을 잘 이해시키기 위한 도구로 파워포인트를 만들고, 이를 활용해 멋지게 프레젠테이션하는 방법은 따로 있습니다. 다음의 실천 가이드를 아이와 함께 따라 해보세요.

프레젠테이션 기술을 키우는 6단계

프레젠테이션을 준비하는 건 앞서 소개했던 '6단계 순서'와 같습니다. 이 6단계 준비법을 PT 준비에 적용하세요. 이렇게 하면 발표를 준비하기 위한 시간이 훨씬 줄어듭니다. 또한 시나리오를 외울 필요 없이 슬라이드를 자연스럽게 넘기면서 준비할 수 있습니다.

1. 계획

발표를 듣는 사람이 누구인지, 목적은 무엇인지 파악합니다. 정해진 발표 시간도 꼭 확인하세요.

2. 조직화

마인드맵 등을 활용해 내 발표 내용을 정리합니다.

3. 우선순위

말할 내용의 순서를 정하고 서론-본론-결론의 큰 틀 안에서 개요표를 작성합니다.

4. 상세화

개요표를 바탕으로 원고 시나리오를 작성합니다. 문장으로 적다 보면 딱딱한 문어체의 발표문이 되니, 중요한 키워드만 먼저 적은 뒤 청중과 대화하는 말투로 준비해보세요. 더 자연스러운 발표를 할 수 있습니다.

5. 응용

응용 단계에서 파워포인트를 준비합니다. 시나리오를 보며 '시각 자료인 도표, 그림, 사진 등을 어떻게 보여주었을 때 가장 이해가 잘 될 것인가?'라는 질문에 스스로 답하세요. 거기에 답하다 보면 청자 입장에서 파워포인트를 제작할 수 있습니다. 파워포인트 준비가 끝났다면 내용에 맞는 의상, 소품 등을 준비합니다.

6. 모니터링

파워포인트의 슬라이드쇼를 실행한 뒤, 시나리오에 맞춰 발표해봅니다. 이 모습을 카메라로 촬영한 뒤, 다시 보면서 전체 구성은 논리적인지, 시간은 적당한지, 슬라이드 장표는 내용에 맞는지, 파워포인트가 청중에게 잘 보이는지 등을 평가하며 부족한 부분을 수정합니다.

PT의 정석으로 손꼽히는 스티브 잡스도 '아이폰 신제품 발표 PT'를 앞두고 50번 이상의 실전 연습으로 완벽에 가까운 준비를 했다고 하죠. 김연아 선수도 평창 동계올림픽 유치 PT를 위해 2박 3일 내내 집중 리허설을 했습니다.

발표 자세 체크 포인트 5

PT는 자세도 중요합니다. 같은 내용을 발표하더라도, 발표자의 태도가 어떠냐에 따라 다르게 들리죠. 앞서 발표 준비순서의 '모니터링' 단계에서 다음의 5가지 포인트를 신경 쓰며 실전처럼 연습해보세요.

① 파워포인트 슬라이드는 청중에게 잘 보여야 합니다. 슬라이드 화면을 가리지 않는 위치에 섭니다.

② 발표자가 슬라이드를 가리킬 때 왼손을 쓸지, 오른손을 쓸지 정합니다. 이걸 기준으로 무대의 왼쪽 또는 오른쪽으로 서는 위치를 정합니다.

③ 긴장하다 보면 슬라이드 화면을 보기 위해 무심코 뒤를 돌게 되는데요. 프레젠테이션하는 동안에는 절대로 뒤통수와 엉덩이를 보여서는 안 됩니다. 청중과의 소통을 단절하는 자세이기 때문이죠. 슬라이드를 가리킬 때도 시선은 청중을 향할 수 있도록 연습합니다.

④ 한 곳에 가만히 서서 발표하는 것보다, 조금씩 자리와 자세를 바꾸면 발표자의 적극적인 자세를 더욱 어필할 수 있습니다. 내용이 전환될 때는 무대의 좌우로, 집중해야 하거나 청중의 질문에 대답할 때는 무대의 앞뒤로 움직이며 자리를 바꿔봅니다.

⑤ 슬라이드를 가리킬 때는 팔과 손에 힘을 주고 화면을 향해 뻗습니다. 나를 바라보고 집중하는 청중의 시선을 화면으로

유도하는 방법입니다.

평소에 PT와 관련된 활동을 자주 접하면, 따로 시간을 내어 연습하지 않아도 발표 실력을 키울 수 있습니다. 일상에서 아이와 다음의 활동을 함께 해보세요.

그림으로 설명하기

교과 내용, 읽은 책, 경험한 것을 그림 한 장으로 표현해 보세요. 그림을 그려도 좋고, 표나 순서도로 정리해도 좋습니다. 이 훈련은 비주얼 싱킹 능력을 키우는 데 도움이 됩니다. 예를 들어 읽은 책으로 아이와 함께 새로운 책 표지를 만들어보는 것도 좋습니다.

내 물건 팔아보기

홈쇼핑의 쇼호스트는 '프레젠테이션의 왕'입니다. 말 한마디로 소비자의 지갑을 열게 만드니까요. 아이의 물건 중 하나를 골라 쇼호스트처럼 판매하는 상황을 설정해 놀이해보세요. 앞에 실제로 청중이 있다면 더욱 좋습니다. 청중이 궁금해하는 것에 답하고, 물건을 직접 보여주며 설명하면서 프레젠테이션 연습을 할 수 있습니다.

학습한 내용
파워포인트로 만들기

파워포인트나 한쇼 등 프로그램을 사용하는 데 익숙한 아이라면 학교에서 배운 교과 내용을 PPT로 정리하도록 도와주세요. 어떤 내용을 PPT에 담기 위해서는 이미지를 찾고, 내용을 단순하게 요약하는 과정이 필요하죠. 이 연습을 통해 아이는 저절로 도식화하는 요령, 이미지 정보를 수집하는 능력을 키울 수 있습니다. 나아가 학업성취도까지 높아질 거예요.

4. 영재원, 특목고 진학을 위한 초등 말하기

"떨어지는 것도 배우는 과정이야."

"회장 선거에 여러 번 떨어졌어요. 우리 아이는 회장감이 아닌가 봐요."

"아이가 리더십이 있었으면 좋겠어요."

"회장을 하면 입시에 도움 된다던데… 어떻게 하면 뽑힐 수 있나요?"

새 학기가 시작되면 회장 선거에 대해 문의하는 전화를 자주 받습니다. "스피치 수업을 들으면 회장으로 당선될 수 있을까요?"라는 기대부터 "우리 아이는 회장 할 능력이 안 되는 것 같아요."라는 염려까지 부모의 고민은 다양하죠. 결론부터 말하면 누구나 회장이 될 수 있습니다. 회장으로 당선된 아이는 모두 자연스레 회장의 능력을 갖추게 되기 때문입니다.

초등학교의 경우, 5학년 때는 전교 부회장 후보에, 6학년은 전교 회장과 부회장 후보에 지원할 수 있습니다. 부모 세대가 어릴 때 반장, 부반장이라고 부르던 임원은 이제 학급 회장, 학급 부회장으로 명칭이 바뀌었죠. 어떻게 하면 회장이 될 수 있을까요? 이번 장에서 당선의 가능성을 높이는 '회장 선거 도전 플랜'을 소개하겠습니다.

여러 차례 회장 선거에 떨어져서 저를 찾아온 친구가 있습니다. 상담해보니 자기의 장점을 제대로 어필하지 못한 게 원인이었어요. 코칭받고 그 문제를 해결하자 당선되었지요. 숫기가 없고 남들 앞에 서는 걸 부끄러워하던 아이가 스피치 수업을 받은 뒤, 어느 날 말도 없이 혼자 임원선거에 도전해 임명장을 들고 온 적도 있습니다. 이렇듯 아이의 성향과 상관없이 전략을 잘 짜면 회장 선거에 충분히 당선될 수 있어요. 회장에 도전할 생각이 있다면 지금부터 선거를 준비하셔야 합니다.

학생회장에 당선되면
무엇이 좋을까?

그런데 학생회장에 당선되면 무엇이 좋을까요? 우선 상급학교 진학하기가 유리합니다. 특히 특목고, 상위권 대학에 진학할 때 임원 경험은 리더십 영역에서 좋은 점수를 받을 수 있죠. 더 나아가서는 취업이나 사회생활을 할 때도 어느 정도 도움이 돼요. '사회성과 리더십을 갖춘 인재'라는 걸 공식적으로 증명할 수 있거든요.

임원으로 활동한 경험은 아이의 마음이 성장하는 데도 큰 자양분이 됩니다. '자리가 사람을 만든다'는 옛말처럼 임원으로 뽑힌 아이는 저절로 회장의 자질을 갖추게 되지요. 몇 년 전, 저를 찾아왔던 한 아이가 떠오릅니다. 친구들 사이에서도 말을 잘하지 못할 만큼 숫기가 없는 친구였죠. 그런데 스피치 교육을 통해 자신감을 얻은 아이는 초등학교 2학년 때 반 회장으로 당선되었어요. 그 후 아이의 학교생활도 완전히 달라졌다는 피드백을 들었습니다.

어떤 변화였을까요? 아이는 회장의 임무를 수행하며 마음이 쑥쑥 자랐어요. 친구들 사이의 갈등 관계를 해결하고, 반 분위기를 온화하게 조성하고, 선생님을 도와드려야 했기 때문이에요.

조금 힘들어도 반 친구들을 위해 희생하고, 배려하면서 아이는 이타적인 마음을 배우고 책임감도 강해졌습니다. 회장을 한다는 건 누군가에게 도움이 되는 역할에 도전하는 과정이니까요. 회장 경험이 아이에게 즐거운 역할 놀이이자 새로운 시도였던 거죠.

회장을 하면 '나'에서 '우리'로 생각의 기준이 옮겨갑니다. 회장 역할을 충실히 수행하다 보면 선생님과 친구들에게 칭찬받을 일도 늘어나죠. 이 과정에서 아이는 '선한 영향력'을 배우게 됩니다. 또 선거에 나가 공약을 발표하고 '우리 학교와 우리 반을 위해 어떻게 하겠다'는 내용을 공표했기 때문에 심리적인 '선언 효과'가 생깁니다. 내가 말한 것에 책임져야 한다는 마음이 무의식을 지배해서 말과 행동까지 회장이라는 역할에 맞게 바뀌는 겁니다.

회장 선거에 지원하는 건 부모가 시켜서 했을 때보다, 아이가 마음에서 우러나와 도전했을 때 가장 좋은 결과를 낼 수 있어요. 회장은 선출로 끝나는 게 아니라, 학기 내내 열심히 활동해야 하는 역할이니까요. 회장이 되면 회의를 이끌어야 하고, 친구들이 더 나은 학교생활을 하기 위해 내가 할 수 있는 일이 무엇일까 고민도 해야 합니다. 이건 자발적인 의지가 없으면 지속하기 힘든 일이에요.

회장 선거는 아이에게 동기 부여를 시켜주는 것부터 시작해야 합니다. 먼저 일상에서 자연스럽게 대화를 나눠 보세요. 지금

학교의 임원은 누구인지, 왜 그 친구가 당선된 것 같은지, 회장을 하면 좋은 점이 무엇인지 물어보는 거죠. 그 후 칭찬과 독려를 해주시면 됩니다. "너도 충분히 그런 역량을 가지고 있고, 임원을 잘할 것 같다."라고요. 이런 대화가 오가며 아이에게는 '나도 한번 도전해 볼까?'라는 마음이 싹트기 시작합니다.

　물론 표를 많이 못 받거나, 당선되지 않을까 봐 걱정하는 아이들도 많지요. 이때도 부모는 용기를 북돋아 주어야 합니다. 이렇게 말하면 도움이 될 겁니다. "떨어지는 것도 배우는 과정이야. 엄마아빠는 네가 회장이 되지 않아도 괜찮아. 하지만 선거에 도전하면서 실패도, 성공도 삶의 한 부분이라는 걸 배우는 용기를 키웠으면 좋겠어." 부모가 아이의 든든한 조력자가 되어 기대심리를 전한다면 아이는 담대하고 자신있게 임원선거에 도전할 수 있을 거예요.

　선거 준비에서는 '연설'에 대비하는 게 특히 중요합니다. 짧은 시간 안에 자신의 역량과 장점, 리더십을 드러낼 수 있어야 하기 때문이죠. 선거 당일에는 학급 임원은 교실 단상에서, 전교 임원은 강당 또는 방송실에서 연설하면서 투표하는 학생들(유권자)에게 본인과 공약을 소개합니다. 세부적인 내용은 학교에 따라 다른데요. 연설 시간은 후보마다 2~3분 정도 주어지고요. 반 임원선거에서도 연설은 빠지지 않죠. 선거 직전, 연설을 통해 나의 소견을 발표해야 하거든요.

　　연설은 '청자' 중심으로 준비해야 합니다. 연설을 듣는 사람의 마음을 읽고, 그 마음 안에 떠오르는 물음표에 답을 해 준다는 생각으로 연설문을 작성해야 하죠. 임원선거에 도전하는 아이를 성공으로 이끌기 위해서는 다음의 플랜을 실천해보세요.

유권자 파악, 공약 만들기

　　먼저 나를 뽑아줄 친구들이 누구인지 파악하는 게 중요합니다. 유권자는 아이가 도전하는 선거가 전교 임원선거인지, 반 임원선거인지에 따라 다를 테고요. 학교 또는 학급 분위기에 따라서도 달라질 수 있겠죠. 예를 들면 이렇게 친구들의 마음을 짐작해볼 수 있겠죠.

　　'우리 학교는 공부를 많이 하는 분위기니까 재미를 강조하는 건 어울리지 않아.'

　　'코로나로 힘든 시기이니까 공감해주는 게 좋겠다.'

　　'우리 학교 학생들은 학년별로 단합이 잘 되지만, 다른 학년끼리 어울리는 기회가 없으니 내가 다리를 만들어야겠다.'

4. 영재원, 특목고 진학을 위한 초등 말하기

유권자에 대한 파악이 끝나면 우리 반, 우리 학교에서 꼭 필요한 것, 학생들이 원하는 것을 이룰 수 있는 현실적인 공약 2~3개를 정리합니다. 이때 돈을 들여 해결할 수 있는 공약보다 '회장으로서 건의하겠다.', '먼저 인사하고 다가가겠다.', '나서서 행동하겠다.' 등 학생의 신분에 적합한 공약을 정해야 합니다. 그래야 학생들도 공감할 수 있고, 학교로부터 공약에 대한 주의를 듣지 않을 수 있습니다.

아이의 킬링 포인트 찾기

회장이 되려면 자신의 장점과 매력을 친구들에게 전달할 수 있어야 합니다. 특히 전교 회장에 출마한 경우, 타 학년 학생들은 그 후보를 전혀 모르기 때문에 아이의 장점을 드러내는 게 더욱 중요하죠. 끼가 있는 아이라면 춤과 노래를 해도 좋을 테고요.

다른 장점이 있다면 친구들이 그 장점을 기억하기 쉽게 비유적인 표현을 써서 소개를 할 수도 있습니다. 학생들에게 후보의 긍정적인 이미지를 각인시키는 거지요. 예를 들면 이런 게 있습니다.

• 유행어 활용 친구들 사이에서 '개그맨'으로 통하는 아이

예) (배달앱 광고문구를 변형해) 딩동! 주문하신 최고의 회장이 배달됐습니다.

• 장점을 부각 내세울 만한 이력이 있는 아이

예) (오랫동안 태권도를 배워 단증이 많은 경우) 제 별명은 태권소년입니다. 튼튼한 체력, 강인한 정신으로 우리 학교를 이끄는 회장!

연설문 작성하기

위의 2가지가 정해졌다면 연설문은 바로 작성할 수 있습니다. 우선, 무대에 우리 아이가 섰을 때 유권자들의 생각을 따라가며 쓰면 됩니다.

자기소개 "저 아이는 누굴까? 어떤 사람일까?"

출마 이유 "어떤 사람인지는 알겠는데 왜 회장이 되고 싶어?"

공약 소개 "어떤 일을 할 것이야?"

각오 "공약 안 지키는 회장도 많던데, 넌 어떤 각오로 나왔니?"

위와 같은 질문을 개요표로 만들어 답을 하나씩 작성하다 보면 하나의 멋진 연설문이 탄생하죠. 2분 내외의 연설문을 준비할 경우, 800~1,000자 정도의 분량(띄어쓰기 포함)으로 적으면 됩니다.

선거 연설문을 준비하는 모습을 보면 지난 선거의 성공 사례를 따라하기에 급급한 경우가 많습니다. "작년에 노래했던 아이가 당선됐다.", "유명 연설을 인용했더니 뽑혔다.", "눈에 띄는 소품을 활용하면 된다." 등이죠. 하지만 이건 꼼수일 뿐이에요. 회장에 당선되는 것보다 더 중요한 건 아이에게 민주주의 선거의 본질과 후보자의 올바른 마음가짐을 가르쳐주는 거겠죠.

무대 파악하기

연설문이 완성됐다면 아이가 설 무대를 파악합니다. 반 교실의 단상일 경우, 교실 뒤편에 앉은 아이들까지 잘 들리는 목소리로 편안하게 말할 수 있도록 연습하고요. 강당이나 방송실에서 연설한다면 천천히 말하는 연습을 하고, 다수의 후보 사이에서 나를 각인시키기 위해 어떤 소품을 쓰면 좋을지 고민해야 하죠.

전략을 정했다면 실전 연습에 돌입해요. 보통 연설문은 선거

2~3주 전부터 작성하고, 선거가 일주일 남았을 때는 리허설 연습을 하는 게 좋습니다. 연설문은 완벽히 외우는 게 아니라 몸에 배어 자연스럽게 말할 수 있어야 하므로 반복된 연습이 필수예요. 단시간에 로봇처럼 외워서 말한다면 진정성이 없게 느껴지기 때문입니다.

내 연설을 듣는 청자는 연설문이 없습니다. 글자 그대로 읽기만 하는 게 아니라 의미가 잘 전달될 수 있도록 끊어 말하는 부분을 표시하고, 강조할 곳에 형광펜으로 표시를 해서 음성적인 표현을 연습해야 하죠.

연설에서는 시각적인 효과도 크게 작용해요. 마지막으로 시선 처리, 제스처도 점검합니다. 제스처를 쓸 때는 손끝까지 힘을 주어 간결한 자세가 나올 수 있도록 하고, 말하면서 자연스럽게 팔을 움직일 수 있어야 합니다. 연설하는 모습을 카메라로 찍어서 본다면 더 도움이 될 거예요. 아이는 유권자의 입장이 되어서 자신의 모습을 보며 스스로 점검할 수 있고, 연습을 통해 부족한 부분을 보완해나갈 수 있습니다.

아이의 도전을 격려하라

연설을 마치면 곧바로 투표가 진행됩니다. 선거 규모에 따라 딩일 또는 다음날에 결과가 발표되고요. 당선되었다면 아이가 노력하고, 준비한 과정을 칭찬해주세요. 선거를 도와준 친구들에게도 감사 인사를 전할 수 있도록 해주세요.

만약 당선되지 않았다 하더라도 질책보다는 격려를 해야 합니다. 소중한 한 표, 한 표에 감사할 줄 아는 마음을 알려주시고, 부족했던 부분에 대해 서로 이야기를 나누며 또 도전할 수 있도록 격려합니다.

아이들에게 임원선거는 즐거운 이벤트인 동시에 다양한 경험으로 자기를 성장시킬 수 있는 소중한 기회입니다. 당선은 시작일 뿐, 임원으로서 끝까지 최선을 다하는 모습을 보여주는 게 회장 선거에 도전하는 진짜 목적이니까요. 부모가 잘 이끌어준다면, 어떤 성향의 아이든 회장이 될 수 있어요. 오늘 알려 드린 도전 플랜을 실천하셔서 민주주의를 배우고, 인성과 리더십을 키우는 회장 선거의 경험을 아이와 함께 나누길 바랍니다.

스피치 브레인 확장하기

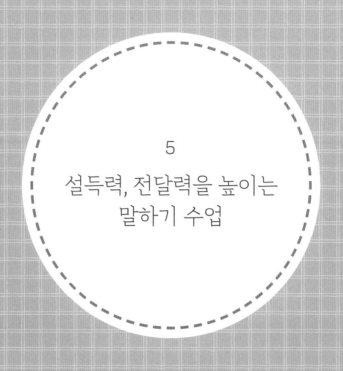

5

설득력, 전달력을 높이는
말하기 수업

"목에 핏대를 세우면서 말해서
자꾸 목이 쉬어요."

"학년은 점점 높아지는데
아직도 목소리가 아기 같아요."

"변성기라 목소리가
이상하게 변하는 것 같은데
어떻게 잡아줘야 하죠?"

"숫기가 없어서 그런지
말할 때 보면 입을 작게 벌려요."

'스피치 교육'이라고 하면 말 잘하는 방법을 배운다고 생각하기 쉽지만, 의외로 목소리 교정에 대한 문의가 많습니다. 주변 엄마들과 이야기를 나눌 때도 이런 얘기를 종종 듣곤 합니다. "어쩜 목소리가 그렇게 듣기 좋으세요? 나는 이미 틀렸고, 우리 애나 목소리가 좀 좋았으면 하네요.", "방송하셨다고요? 어쩐지 목소리부터 다르게 들리더라."

누구나 좋은 목소리를 타고나면 좋겠죠. 하지만 저라고 어릴 때부터 목소리가 좋았을까요? 저 역시 목소리가 콤플렉스였고, 아나운서 시험에 도전할 때마다 지적을 받았습니다. 타고난 목소

5. 설득력, 전달력을 높이는 말하기 수업

리의 색채는 성대를 성형하지 않는 이상 바꾸기 어렵죠. 그럼에도 많은 방송인이 좋은 목소리를 가진 것은 발성뿐 아니라 발음, 자세, 강세, 어조 변화 등의 노력이 더해졌기 때문입니다. 따로 훈련하지 않았는데두 목수리가 좋은 사람은 부모 뜨는 주변 사람들의 영향으로 어릴 때부터 알게 모르게 올바른 발성을 하고 있었기 때문인 경우가 많습니다.

좋은 목소리를 갖기 위해 기본적으로 성량을 적절하게 키울 줄 알아야 하는데요. 이것이 바로 '발성', 즉 목소리를 내는 방법입니다. 목소리가 어떻게 나는 것인지에 대해 기본적인 원리만 알아도 좋은 목소리로 바꿀 수 있습니다. 좋은 목소리는 설득력, 전달력을 높이게 되지요. 이번 장에서는 스피치 브레인을 조금 더 확장하기 위한 여러 기술들을 알려드리겠습니다.

복식호흡이 습관이 되게 하라

목소리는 어떻게 나는 것일까요? 목소리는 몸 안의 공기가 후두를 지나며 성대를 진동시켜서 입 밖으로 나오는 소리입니다. 성대는 목 가운데 안쪽에 나란히 붙어 있는 살이지요. 우리가 목소리를 낼 때, 성대가 좁혀집니다. 목을 손바닥으로 감싸고 '하~' 하고 공기를 내뱉어 보세요. 목소리가 나지 않죠? 손바닥에도 아무런 느낌이 없을 겁니다. 이번에는 같은 위치에 손을 대고 '아~' 하고 소리를 내보세요. 어떤가요? 손바닥에 떨림이 느껴지지 않나요? 이게 성대의 진동입니다.

사람의 성대는 두꺼울수록 굵은 소리를 냅니다. 변성기가 찾아오면 목젖이 나오고, 목소리가 변하는 이유이지요. 큰 목소리를 내기 위해 목에 자주 힘을 주면 성대가 맞닿으면서 굳은살이 생기는 성대결절 상태가 됩니다. 그러면 '애성(쉰 목소리)'이 나오는데요. 축구 같은 야외 활동을 좋아하는 아이들은 놀면서 목에 핏대를 세워 말할 때가 많은데, 이렇게 성대를 과하게 사용하면 금세 목이 쉽니다. 학교 선생님들이 학기 초에 고질적으로 성대결절을 겪는 것도 무리하게 성대를 사용하기 때문입니다.

목소리를 낼 때 성대가 아니라 공기에 집중하면, 성대에 무리한 힘을 가하지 않고 큰 소리를 낼 수 있습니다. 우리는 폐를 통해 공기를 순환시키며 호흡합니다. 폐는 횡격막의 움직임으로 위아래로 부풉니다. 흉식호흡을 할 때는 횡격막이 위로 올라가고, 반대로 횡격막을 아래로 내리면 배가 볼록하게 나오는 복식호흡을 할 수 있죠. 복식호흡은 흉식호흡보다 3배 많은 공기를 만듭니다. 발성을 잘하려면 복식호흡을 연습해야 한다는 건 여기에서 비롯된 말이지요.

하지만 아이들은 흉식호흡으로 발성하기 때문에 숨이 가쁜 것처럼 보입니다. "안녕하세요(흡). 저는(흡) 김똘똘(흡)입니다." 이처럼 말하는 사이사이 호흡하는 경우가 많지요. 흉식호흡을 하면 공기가 적게 만들어지는데, 발표할 때는 목소리를 크게 내기 위해 적은 공기를 빨리 써버립니다. 게다가 긴장을 과하게 하다 보니 숨이 더 가빠지는 겁니다. 스피치 브레인을 확장하기 위해 복식호흡으로 발성하는 연습부터 해야 하는 거죠.

복식호흡으로 발성해야 좋은 목소리를 낼 수 있다는 사실을 알아도, 그걸 호흡 습관으로 연결하기란 쉬운 일이 아닙니다. 실제로 제가 수많은 아이들을 코칭한 결과, 어떤 아이는 바로 바뀌는가 하면 어떤 아이는 발성을 익히는 데만 몇 개월이 걸렸습니다. 여기서 주목해야 할 사실은 연습하면 누구나 바뀔 수 있다는 겁니다. 발성은 결국 몸의 움직임을 바꾸는 것이기 때문입니다. 운동처럼 꾸준히 하면 좋은 결과가 찾아오지요.

복식호흡을 하며 발성을 연습하는 방법은 다양합니다. 우선 똑바로 선 자세에서 앞을 바라보며 '아~' 하고 소리를 길게 내보세요. 그때 배꼽을 허리 쪽으로 확 당긴다는 생각으로 배를 쑥 집어넣고 말하면 소리가 갑자기 커지는 것을 느낄 수 있습니다. 복식호흡은 문장을 새로 시작하거나 어절 단위로 끊어 말할 때 적용할 수 있습니다. 먼저 횡격막을 아래로 내리고 숨을 마시며 배를 부풀린 뒤, 첫음절을 시작할 때 호흡을 훅 하고 뱉는다고 생각하며 말하는 거죠.

신뢰감 있는 목소리를 내려면 공명으로 소리를 내야 합니다. 공명은 얼굴 뼈 안에 울림을 만드는 건데요. 예전에 한 오디션 프

153

로그램에서 가수 박진영이 '공기 반 소리 반'이라고 했던 것이 바로 이것입니다. 복식호흡으로 만든 풍부한 공기에 성대의 진동을 없고, 공명으로 목소리를 만들면 아기 같은 목소리와 쉰 목소리를 교정할 수 있습니다.

공명을 만들 때는 입을 다문 채, 입 안에 작은 공이 있다고 상상하며 턱을 살짝 아래로 내리세요. 그 후 입천장에서 혀를 뗍니다. 이 상태에서 '음~' 하고 소리를 내면 입술이 떨리며 울림소리가 나는 걸 느낄 수 있을 거예요. 여기서 그대로 입을 벌리며 '아~' 하고 소리를 내면 공명으로 내는 소리가 됩니다.

어떠세요? 생각보다 어렵죠. 그럼 성악 하듯 말한다고 생각해보세요. 성악을 배우지 않았더라도 우리는 성악가의 노래하는 모습을 흉내 낼 수 있습니다. "안녕하세요."라는 인사를 성악가가 노래하듯 말해보면 앞서 이야기한 발성과 공명이 완성되는 걸 확인할 수 있습니다.

다양한 방법을 통해 복식호흡 방법을 배우고 호흡량을 늘려 목소리 크기를 적절하게 키우는 놀이를 소개합니다. 하나씩 하는 것보다는 다음의 놀이 중 2~3가지를 이어서 하면 좋습니다.

1. 숨을 들이마실 때 아랫배가 부풉니다.
2. 숨을 내쉴 때 아랫배가 홀쭉해집니다.
3. 천천히 숨을 들이마시고 내쉬면서, 아랫배가 풍선처럼 부풀
   었다가 줄어드는 느낌에 집중하세요.

배의 힘을 키우는 풍선 불기

풍선을 준비합니다. 먼저 엄마가 각각 흉식호흡과 복식호흡으로 풍선을 붑니다. 아이들은 대개 초등학교 3~4학년이 지나면 풍선을 불 수 있습니다. 아이와 함께 흉식호흡과 복식호흡으로 풍선을 불어보세요.

이때 호흡의 이름이 어려우니까 '가슴 버튼', '배꼽 버튼'이라고 알려주며 풍선을 불어보세요. 호흡할 때 가슴 버튼은 1 정도의 크기로 불어진다면, 배꼽 버튼은 3 이상의 크기로 불 수 있습니다. 각각의 크기는 다음의 그림을 참고하세요. 아이가 풍선을 불기 어려워한다면, 각각의 호흡으로 '아~' 소리를 내며 숫자를 세어보세요. 복식호흡에서 더 길게 소리를 이어나갈 수 있습니다.

이때 복식호흡으로 분 풍선이 아이의 배라고 알려주세요. 복식호흡을 하면 풍선처럼 배가 빵빵하게 부풉니다. 더 많은 공기를 들이마시게 되니, 목소리도 커지고 편안하게 말할 수 있지요.

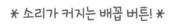

✱ 소리가 커지는 배꼽 버튼! ✱

❶

❷

❸

호흡량을 늘리는
누워서 배 산 만들기

바닥에 누우면 배의 움직임을 더 잘 관찰할 수 있습니다. 중력에 의해 몸의 모든 것이 땅을 향해 내려가기 때문에 배가 오르내리는 모습이 잘 보이거든요. 이 훈련은 복식호흡을 눈으로 확인하는 가장 좋은 방법입니다. 우선 하늘을 바라보며 바닥에 누워 온몸을 일자로 폅니다. 배 위에는 적당한 무게의 책을 하나 올려주세요. 그리고 오로지 배로만 책을 위아래로 움직일 수 있게 합니다. 이때 아이에게 "배 산 올려주세요. 배 산 내려주세요."라고 말하면 더 재미있게 따라할 수 있습니다.

이 과정을 반복하며 입에서는 바람이 '후~' 하고 나올 수 있도록 합니다. 이후 배 산이 최대한 아래로 내려갈 때까지 숫자를 셉니다. 연습할 때마다 숫자를 점점 늘려갈 수 있도록 하면 아이의 복식호흡량을 늘릴 수 있어요.

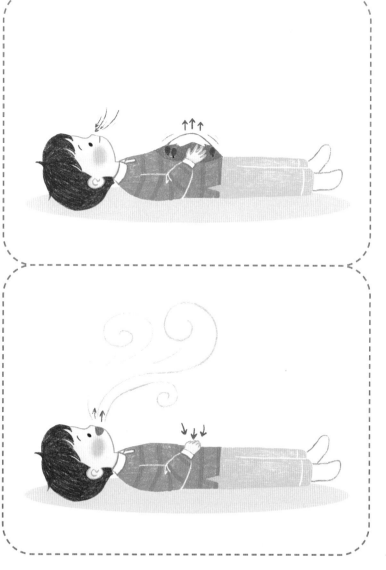

수줍음이 많은 아이를 위한
소리 공 던지기

배에시 끌어올린 공기로 만든 소리를 '소리 공'이라고 상상하며 던지는 시늉을 하는 놀이입니다. 우선 아이에게 야구공을 멀리 던지는 행동을 해보라고 하세요. 팔을 힘껏 앞으로 내밀어 공 던지는 자세를 3~4번 반복합니다.

이후 "이번에는 소리 공을 던집니다."라고 말한 뒤 '아~'라는 소리를 내며 공 던지는 자세를 취해봅니다. 배꼽이 허리에 닿을 것처럼 배에 힘을 주고 '아~' 하고 소리를 길게 내며 공을 던집니다. 소리가 길게 이어질수록 공이 더 멀리 날아가는 모습을 상상해보세요.

야구 소리 공 던지기가 끝나면 농구를 해봅니다. 아래로 공을 튀기듯이 '아, 아, 아' 하고 소리를 내며 소리 공 드리블을 하는 거지요. 엄마가 '슛~'이라고 외치면 아이는 팔을 뻗어 소리 공을 하늘 높이 던지는 포즈를 취해봅니다. 소리 공 던지기 놀이는 목소리가 작고 수줍음이 많은 아이에게 효과적인 발성 놀이입니다. 또한 체육은 좋아하는데 산만한 아이들에게 효과적이죠.

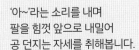

아래로 공을 튀기듯이 '아, 아, 아'하고
소리를 내며 소리공 드리블을 합니다.

'아~'라는 소리를 내며
팔을 힘껏 앞으로 내밀어
공 던지는 자세를 취해봅니다.

입으로 하는 축구

　　성인 엄지손가락 크기 정도 되는 작은 스티로폼 공을 준비합니다. 작은 테이블에 축구 경기선과 골대를 만든 뒤, 입으로만 공을 움직입니다. 복식호흡으로 호흡량을 키운 아이는 얼마든지 공을 원하는 방향으로 힘차게 굴릴 수 있습니다. 입으로 부는 것이 익숙해지면 빨대를 이용해서 공을 움직이도록 하는데, 이때 배꼽 버튼을 눌러야 이길 수 있는 게임이라고 알려줘야 합니다. 이런 가벼운 놀이를 통해 아이가 자연스럽게 복식호흡을 하도록 도와주세요.

목소리도 선풍기처럼
강약을 조절하라

　　아이들은 목소리를 크게, 작게 말하라고 하면 추상적인 정도를 가늠하기 힘듭니다. 그 공기의 양을 조절하기도 어렵지요. 그래서 목소리 크기에 단계를 정해주는 겁니다. 다음 상황에 맞게 "엄마"를 불러보라고 하며 단계별 목소리 크기를 구분할 수 있게 해주세요.

✲ 입으로 축구게임을 해요 ✲

1. 성인 엄지손가락 크기의 스티로폼을 준비합니다.
2. 작은 테이블에 축구 경기선과 골대를 만듭니다.
3. 입으로만 불어서 골대에 공을 넣습니다.

1단계 엄마에게 비밀 얘기할 거예요. "(속삭이듯)엄마~"

2단계 엄마가 바로 옆자리 앉아 있네요. "엄마~"

3단계 엄마가 저 끝에 있는데, 핸드폰을 보느라 내가 안 보이나 봐요. "엄마!"

4단계 나는 방에, 엄마는 거실에 있어요. "엄마!!!"

5단계 사람들이 많은 곳에서 엄마를 잃어버린 것 같아요. "엄마!!!!!!!"

이렇게 5단계의 목소리를 내며 아이와 연습합니다. 엄마는 손으로 1~5단계 숫자를 알려주고 아이는 그 숫자에 맞는 목소리를 내면 점차 상황에 맞는 목소리 구분하게 됩니다. 목소리가 큰 아이들은 1, 2단계 위주로, 목소리가 작은 아이들을 4, 5단계 위주로 연습하다 보면, 아이들은 자신의 목소리를 조절할 수 있음에 자신감이 생기게 됩니다.

학교에서 발표할 때는 3단계로 할 수 있도록 하며, 평소 목소리가 큰 친구들에게는 "지금 5단계 목소리인데? 우리 다른 친구들도 있으니까 2단계 정도로 해보자."라고 하면 바로 목소리 볼륨을 조절할 수 있습니다.

또박또박 말하면 영어 발음도 좋아진다

"자꾸 혀 짧은 소리를 내요."

"숫기가 없어서 그런지 말할 때 보면 입을 작게 벌려요."

"특정 발음이 안 되는 것 같아요."

부모님과 상담하다 보면 80% 이상은 "아이의 발음이 안 좋아요."라고 말합니다. 돌이 지나 말을 하기 시작한 우리 아이들, 단어 하나하나 문장 하나하나 배워가며 쫑알거리는 것을 듣다 보면 부모는 "이제 대화가 좀 되겠군." 하고 기뻐합니다. 하지만 당연히 성인처럼 발음할 수는 없습니다. 그 쫑알거리는 입 모양은

5. 설득력, 전달력을 높이는 말하기 수업

답답하게 들리기도 하고, 입을 크게 벌리지 않아 발음도 정확하지 않습니다.

발음이 어눌해지거나 답답하게 들리는 이유에는 동생이 생겨서 퇴화하거나, 구강 구조의 문제 등 다양한 원인이 있습니다. 그중에서도 커갈수록 발음이 부정확해지는 의외의 이유는 '그럴 필요를 느끼지 못해서'입니다. 정확한 발음을 위해서는 입을 크게 벌려야 합니다. 하지만 3~4세 정도 되어서 문장을 말하기 시작하고, 타인과의 대화 과정에서 입을 크게 벌리지 않고 말해도 상대방이 알아듣다 보니 입을 안 벌리기 시작합니다. 이 대화 과정에서 부끄러움을 느낀 친구들은 더 위축되어서 입을 벌리는 것을 두려워하고 말할 때 입 주변 근육을 움직이지 않아 조음기관들이 굳어진 것입니다.

그러면 아나운서처럼 또박또박 말하는 것이 정답일까요? 아닙니다. 상대방이 잘 알아들을 수 있도록 하는 것이 기준이 되어야 합니다. 아나운서는 전달과 소통을 잘하는 직업이기 때문에 '아나운서처럼 또박또박'이라는 관용구가 생긴 것이지요. 이번 장에서는 상대방에게 정확하게 전달하기 위해 발음을 잘하려면 어떻게 해야 하는지 알려드리겠습니다.

설소대 수술은 필요 없다

　엄지, 검지, 중지 손가락 끝을 모아서 3층으로 쌓아보세요. 그리고 거울을 보며 입술을 벌리고 쌓은 손가락을 윗니와 아랫니 사이에 넣어봅니다. 생각보다 입이 많이 벌어지죠? 이게 한국어 발음 [아]에 해당하는 입 모양입니다.

　이번에는 그 상태에서 손가락을 빼고 그대로 [아, 에, 이, 오, 우]를 발음해보세요. 턱과 볼 근육이 움직이는 걸 확인할 수 있습니다. 다음에는 [으]의 입 모양을 유지한 채로 [그, 느, 드, 르, 즈, 츠]를 발음해보세요. 아마 혀가 움직일 겁니다. 이제 [므, 브, 프]을 발음해 봅니다. 이번에는 입술이 움직이죠.

　이렇게 우리는 턱과 볼 근육을 움직여 '모음'을 발음하고, 혀와 입술을 움직여 '자음'을 발음합니다. 모음과 자음을 만드는 데 필요한 입의 부분들을 '조음기관'이라고 부르죠. 아이가 모음을 잘 발음하지 못한다면 턱과 볼 근육의 움직임이 둔한 것이고, 자음을 발음하기 어려워한다면 혀와 입술의 움직임이 어색한 겁니다.

　턱과 혀가 다 자라지 않은 어린아이들은 '과, 궈' 같은 이중모음과 'ㅅ, ㅈ, ㅊ'의 자음을 발음하기 어려워합니다. 설소대가 짧다면 혓소리 'ㄴ, ㄷ, ㅌ, ㄹ'과 잇소리 'ㅅ, ㅈ, ㅊ'의 발음을 잘 못하고요. 부정교합일 경우에도 발음이 정확하지 않을 수 있습니다.

167

입천장과 윗니에 혀가 닿는 위치가 달라지면서 발음이 다르게 나올 수 있거든요.

설소대 수술이나 치아 교정으로 발음이 좋아질 수 있는지 문의하는 부모가 많습니다. 여러 전문가의 의견에 따르면 설소대 수술은 태어난 직후 또는 아이가 말을 시작하기 이전에 해야 효과가 있습니다. 치아교정으로 구강구조를 바꾼다 해도, 아이가 발음하는 조음 습관이 굳어져 있다면 그 습관대로 발음하게 되기 때문입니다. 다음의 그림을 참고하여 혀의 위치를 보며 발음 훈련을 하는 게 제일 좋습니다.

아이의 발음이 어눌해졌다고, 입을 안 벌린다고 "입 좀 크게 움직여봐!" 윽박질러봐야 아이는 "안 되는데 어떻게 해요."라는 불만만 커질 수 있습니다. 아이가 우물거리듯 웅얼웅얼 말한다면 아래와 같이 말해주세요.

"어? 엄마가 잘 듣고 싶었는데 잘 안 들렸네. 조금 천천히 정확하게 다시 말해줄래?"

"엄마가 네 입 모양을 볼 테니까 조금만 더 또박또박 말해줄 수 있겠니?"

"엄마는 '배고파'라고 들렸는데, 그렇게 말한 게 맞을까?"

15세기 훈민정음 기본 자음자 17자의 제자 원리			
	기본자	가획자	이체자
어금닛소리(아음) 혀뿌리가 목구멍을 막는 모양	ㄱ	ㅋ	ㆁ
혓소리(설음) 혀끝이 윗잇몸에 닿는 모양	ㄴ	ㄷㅌ	ㄹ
입술소리(손음) 입의 모양	ㅁ	ㅂㅍ	
잇소리(치음) 이의 모양	ㅅ	ㅈㅊ	ㅿ
목소리(후음) 목구멍의 모양	ㅇ	ㆆ	ㆅ

✱ 조음 위치별 자음 ✱

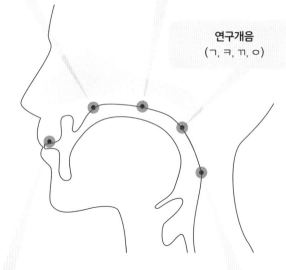

치조음
(ㄴ, ㄷ, ㄸ, ㅌ, ㅅ, ㄹ)

경구개음
(ㅈ, ㅉ, ㅊ)

연구개음
(ㄱ, ㅋ, ㄲ, ㅇ)

양순음
(ㅂ, ㅃ, ㅍ, ㅁ)

성문음
(ㅎ)

이렇게 말하면 아이들은 스스로 발음을 정확하게 말하려고 노력할 겁니다. 절대 다그치지 말고 '너의 말을 잘 듣고 싶었는데 내가 놓쳤다'는 태도를 보여주는 게 중요합니다. 그럼에도 아이가 발음이 잘 교정되지 않는다면, 아이와 함께 이렇게 해보세요.

발음의 조음점
정확하게 짚어주기

저에게 스피치를 배우는 학생 중, 설소대가 짧은데도 'ㅅ, ㅈ, ㅊ, ㄹ'의 발음을 정확하게 하는 아이가 있었습니다. 어머님께서 어린 시절부터 입천장에 손가락 끝을 갖다 대고 조음점 위치(170쪽 참고)를 알려주며 혀끝이 그 자리에 닿을 수 있도록 꾸준히 도와줬다고 하더군요. 아이가 자음 발음을 잘 못한다면 입 안의 조음점을 짚어주며 말하는 연습을 해보세요. 함께 거울을 보며 연습하면 더 좋습니다.

입을 크게 벌리면서 대화하기

'거울효과'라는 심리효과가 있습니다. 자기도 모르는 사이 타인의 행동을 저절로 따라 하게 되는 효과입니다. 특히 어린 아이일수록 상대방의 표정과 행동을 잘 따라 하죠. 이걸 이용하는 거예요. 아이와 대화할 때 글자 하나하나를 정확한 입 모양으로 말한다는 생각으로 입을 크게 벌리고 말하면 아이도 어느샌가 그 입 모양을 따라 하게 될 겁니다

포스트잇으로
얼굴 근육 풀어주기

조음기관 중 볼 근육과 얼굴 근육을 푸는 게임이에요. 인덱스 용도로 사용하는 얇은 포스트잇을 양 볼과 이마, 코에 하나씩 붙여봅니다. 그 후 손을 대지 않고 얼굴 근육을 움직여서 포스트잇을 떼어보는 겁니다. 온 가족이 함께 참여해 누가 제일 빨리 떼어내는지 시합하면 더 재미있는 놀이가 될 수 있습니다.

✱ 연지곤지 게임을 해요 ✱

1. 얇은 포스트잇을 양 볼과 이마, 코에 하나씩 붙여봅니다.

2. 손을 대지 않고 얼굴 근육을 움직여서 포스트잇을 떼어냅니다.

입 푸는 운동 수시로 하기

　　운동할 때 동작을 제대로 하기 위해서는 스트레칭을 먼저 해야 합니다. 말하기도 마찬가지예요. 조음기관이 원활하게 움직이는 것도 하나의 운동이거든요. 아래 실천 가이드를 놀이처럼 따라하면서 조음기관 푸는 운동을 자주 해주세요. 조음기관 스트레칭은 꾸준히 하는 게 중요합니다. 위의 큐알코드를 통해, 영상을 보고 따라 하세요.

- 입 안에 공기 가득 넣어 풍선 입을 만들며 우물우물해주기
- 혀로 윗니 아랫니를 훑듯이 돌리며 '치카치카' 10번
- 혀끝을 윗니 뒤쪽에서 튀기듯 '똑딱똑딱' 10번
- 혀끝을 털면서 '따르르르릉' 10번
- 입술을 붙인 채로 힘을 빼고 푸르르르(일명 푸대질) 5번

입 모양으로 단어 맞추기

　　소리 내지 않고 입 모양만으로 단어를 맞추는 게임이에요. 먼저 아이 수준에서 어렵지 않은 단어 카드를 준비해주세요. 아

Step 3. 스피치 브레인 확장하기

이는 그 단어를 보고 글자 수를 말한 뒤, 음가 하나하나를 입 모양으로만 상대방에게 보여줍니다. 이 놀이를 통해 아이들은 입을 크게 움직이는 연습을 할 수 있습니다. 우리는 한쪽의 행동이 제약을 받으면 다른 한쪽을 더 크게 하려는 경향이 있거든요. 말할 때도 소리를 내지 못하게 하면 무의식적으로 입 모양을 크게 만들게 됩니다.

노래로 배우는 발음 놀이

최승호 시인이 아이들의 말놀이를 위해 지은 시에 작곡가 방시혁이 음을 붙인 '원숭이'라는 동요가 있습니다. 모음 연습을 하기에 아주 좋지요. 노래의 재생 속도를 늘이거나 빠르게 조정하면서 아이와 함께 불러보세요. 이때 아이가 '아야어여오요' 부분을 따라 하기 어려워할 수 있는데요. 입을 크게 벌리고 노래를 부르자고 하면 따라 하기가 좀 더 편할 겁니다.

초등학교 고학년 이상의 아이들에게는 자기가 좋아하는 랩 가사를 따라 부르게 하면 좋습니다. 노래하면서 자연스레 발음도 교정될 거예요. 래퍼들에게 발음이 아주 중요하다는 사실은 알고 있죠?

5. 설득력, 전달력을 높이는 말하기 수업

재미있는 잰말 놀이

아이가 재미있어하거나 어려워하는 발음이 들어간 문장을 골라 붙여두고 누가 끝까지 틀리지 않고 발음을 하는지 시합해보세요. 이때 부모는 조금 서툴게 발음하며 아이가 이길 수 있도록 해주세요. 발음이 교정되는 건 물론이고, 자신감 있게 말하는 방법까지 배울 수 있을 겁니다. 아래 문장 아래 문장들을 이어서 도전해보세요.

- 내가 그린 구름그림은 새털구름 그린 구름그림이고, 네가 그린 구름그림은 깃털구름 그린 구름그림이다.(모음 연습)
- 작은 토끼 토끼 통 옆에는 큰 토끼 토끼 통이 있고 큰 토끼 토끼 통 옆에는 작은 토끼 토끼 통이 있다.(자음 연습)
- 한국관광공사 곽진장 관광과장(자음 연습)
- 스위스에서 산새들이 속삭이는 숲속에서 쉴 새 없이 산새들이 샘물을 새록새록 먹느라 스미스 씨는 시끄럽다고 불평하며 사라졌다고 합니다.(자음 연습)
- 도토리가 문을 도로록, 드르륵, 두루룩 열었는가? 도토리가 문을 드로록, 도루룩, 두르룩 열었는가?(모음 연습)
- 안 촉촉한 초코칩 나라에 살던 안 촉촉한 초코칩이 촉촉한

초코칩 나라의 촉촉한 초코칩을 보고 촉촉한 초코칩이 되고 싶어서 촉촉한 초코칩 나라에 갔는데 촉촉한 초코칩 나라의 촉촉한 초코칩 문지기가 "넌 촉촉한 초코칩이 아니고 안 촉촉한 초코칩이니까 안 촉촉한 초코칩 나라에서 살아!"라고 해서 안 촉촉한 초코칩은 촉촉한 초코칩이 되는 것을 포기하고 안 촉촉한 초코칩 나라로 돌아갔다.(자음 모음 연습)

5. 설득력, 전달력을 높이는 말하기 수업

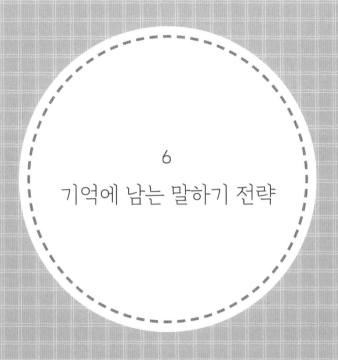

6

기억에 남는 말하기 전략

"아이가 로봇처럼 발표해요."

"말할 때 감정이 안 느껴져서 어떤 마음인지 모르겠어요."

"고학년인데 아직도 말하는 게 어린아이 같아요."

"긴장하면 옷소매를 꼬깃꼬깃 만지거나 쓸데없는 행동을 해요."

혹시 말 잘하는 어린이를 본 적 있나요? 자기가 읽었던 책이나 경험했던 것을 말하는데 어른들도 쏙 빠져들 만큼 흥미롭게 말하는 아이들이 있죠. 어른들도 마찬가지입니다. 똑같이 주말에 다녀온 여행지에 대해 말해도 누가 이야기하느냐에 따라 때로는 재밌고, 때로는 지루하게 느껴집니다.

　왜 이런 차이가 생기는 걸까요? 말은 자기가 전하고자 하는 의미를 '음성적'으로 잘 전달해야 즐겁게 들리기 때문입니다. 우리가 누군가를 보고 말 잘한다고 느끼는 포인트가 바로 여기에 있죠.

6. 기억에 남는 말하기 전략

흔히 저학년 아이들은 유치원 때 배운 노래처럼 말끝의 높이를 올려서 강조할 때가 많습니다. "안녕하세요. 저는／1학년／3반／김똘똘입니다／. 제가／발표할 주제는／우리 가족 여행입니다／."처럼요. 이런 어투가 지속되면 듣는 사람은 답답해집니다. 무슨 말을 하는지 이해하는 데 필요한 단어들이 잘 들리지 않으니까요. 내용이 잘 들리지 않으면 그 이야기는 따분하게 느껴질 수밖에 없겠죠. 말을 재미있게 하려면, 잘 들리게 하는 게 먼저입니다.

문장은 어간과 어미로 구성되는데, 중요한 뜻은 바로 어간에 있기 때문에 어간을 강조해서 말해줘야 합니다. 그런데 어미를 올리는 말하기는 어린아이 말투가 되면서 내용의 신뢰를 떨어뜨리고, 중요한 말이 잘 들리지 않는 역효과가 납니다. 성인이 되어서도 이 습관이 남아있는 경우가 많죠.

고학년이 되어도 마찬가지입니다. 자신이 발표할 내용을 시나리오로 쓰고 딱딱한 말투로 줄줄 읽어내려가기 바쁩니다. 성인들도 평소에는 말재주꾼인 것 같은데 발표만 들어가면 로봇처럼 영혼 없이 말하는 경우를 만나게 됩니다. 반대로 친절하게 말하려는 의도로 말끝을 올리면서 톤을 높이는 경우도 있습니다. 같은 내용인데도 왜 이렇게 다르게 들릴까요?

'읽기'와 '말하기'를 구분하라

스피치 브레인을 확장하기 위해선 반드시 '읽기'와 '말하기'를 구분해야 합니다. 읽기의 대상은 '나 자신'이지만 말하기의 대상은 '타인'이기 때문이지요. 그래서 말할 때는 약속된 방식을 지켜야 합니다. 상대방이 내용을 잘 이해하고, 원활히 소통할 수 있도록 말입니다.

여기서 '약속된 방식'이란 사회적으로 합의된 음성적 표현을 의미합니다. "점심 먹었어."라는 문장에서 말끝을 내리면 "나는 점심 먹었어."라는 말이 되고, 말끝을 올리면 "너 점심 먹었어?"라는 질문이 되는 것처럼요.

따로 배우지 않았지만 우리는 이미 약속된 음성적 표현을 실천하고 있습니다. 말끝을 올리면 '질문', 힘주어 말하면 '강조', 말끝을 내리면 '종결'이라는 걸 모두 알고 있죠. 그런데 미리 준비된 시나리오가 있거나, 긴장하고 말해야 하는 환경에서는 이런 약속을 잊게 됩니다. 평소에는 말을 잘하던 사람이 발표 자리에 서면 어린아이 같은 말투를 쓰거나 딱딱하게 말하게 되는 건 그래서입니다.

말을 잘하는 사람을 잘 관찰해보면 음성의 높낮이가 굉장히 다양하게 들릴 겁니다. 저음, 중음, 고음을 골고루 사용하기 때문이에요. 실제로 이영애, 이선균, 서현진 등 대사 전달력이 좋다고 인정받는 배우들의 음성을 분석해보면 자신이 전하려는 내용에 맞춰 음역대가 넓게 오르락내리락하는 걸 볼 수 있죠.

이렇게 말에 '높낮이'를 더하면 듣는 사람을 지루하지 않게 하고, 감정을 담아 말할 수 있습니다. 노래하듯 들리기 때문인데요. 일정한 톤과 속도로 가사를 읽으면 내용이 잘 이해되지 않고 감정 또한 와닿지 않지만, 노래로 부르면 다르죠. 사랑, 기쁨, 슬픔 등 다양한 감정이 음성에 담겨 감미롭게 들립니다. 똑같은 3분의 시간이지만, 노래를 들으면 시간이 빨리 지나가죠. 우리는 이 중간 지점을 찾아 말하면 됩니다.

먼저 말하기의 음성적 약속을 지키는 게 포인트입니다. 말할 때 음을 '도(저음)', '미(중음)', '솔(고음)'로 구분해보세요. 이때 자연스럽고 편안하게 나오는 목소리를 '미'로 기준 삼아 말하면서 강조하고 싶거나, 질문할 때는 말끝을 '솔'로 올립니다. 말을 끝마칠 때는 '도' 정도의 음으로 말하고요.

속도도 중요합니다. '솔' 음을 사용해야 하는 순간에는 속도를 1.5배 정도로 느리게 해보세요. 그러면 상대방은 여러분이 말하는 내용을 더 잘 이해하게 될 겁니다. 앞서 언급한 "안녕하세요. 저는 ╱ 1학년 ╱ 3반 ╱ 김똘똘 ╱ 입니다 ╱. 제가 ╱ 발표할 주제는 ╱ 우리 가족 여행입니다 ╱."를 노래하듯 말하기로 바꿔볼까요? 글자 위에 적인 음을 확인하며 다음 문장을 말로 내뱉어 보세요. 노래하듯 말하는 게 무엇인지 좀 더 선명히 느껴질 겁니다.

미　　파솔　미　　솔솔솔　파미레도
안녕하세요?　저는　김똘똘　입니다.

미　솔파미 미　　솔 파미 솔솔 파파파 미레도
제가 발표할 주제는 '우리가족　여행 이야기' 입니다.

이 말하기의 대표적인 모범 사례는 방송 뉴스입니다. 집안일을 하거나, 아이와 놀이를 하면서도 무심코 틀어놓은 저녁 뉴스가 잘 들리지 않나요? 오늘 저녁에는 뉴스를 보면서 아나운서와 기자가 원고의 어떤 부분에서 '솔'을 사용하는지, 어미 처리를 할 때 '도'는 어떻게 내는지 분석하면서 들어보세요. 말 잘하는 법을 배우는 데 큰 도움을 받을 수 있을 겁니다.

노래하듯 말하기 위해서는 목소리의 음역대를 넓혀야 합니다. 어릴 때부터 노래를 많이 부르거나, 뮤지컬 같은 활동을 많이 하면 도움이 되겠지요? 그 외에도 집에서 평소에 놀이처럼 할 수 있는 행동들이 있습니다.

"방금 뭐라고 말한 거야?"

아이가 중요한 단어를 우물거리며 말한다면 그 부분을 되물어 주세요. "방금 뭐라고 말한 거야?"처럼요. 이해하지 못한 내용을 되물으면 말하는 사람은 자연스럽게 그 내용을 '솔' 음으로 강조해놓고 천천히 말하게 됩니다.

이 과정에서 아이는 중요한 내용에 힘주어 말해야 한다는 걸 배우게 되지요. 이때는 "너의 말을 잘 듣고 싶은데, 들리지 않아서 속상해."라는 마음이 전달될 수 있도록 안타까운 표정을 지으며 말합니다. 취조하듯 물어보면 아이는 주눅이 들어서 목소리가 더 작아지거든요.

청자의 반응 읽어주기

아이가 집에 돌아와 양육자를 만나면 그날 있었던 일을 말하곤 하지요. 이때 영혼 없이 딱딱하게 말하는 아이들이 있습니다. 그럴 땐 아이의 말하기 방식이 상대방에게 어떻게 들리는지 말해주면 도움이 됩니다. 상처받지 않도록 아이를 독려하며 좋은 말하기를 할 수 있도록 이끌어주는 거예요. 아래의 순서대로 따라서 말해보세요.

"아! 그랬구나. 오늘 정말 재밌었겠네."
"근데 그렇게까지 재미있게 보이지 않아서 아쉬워."
"좀 더 신나게 들릴 수 있도록 이렇게 말해보면 어떨까?"

반대로 짜증 내듯 크게 말하는 아이에게는 '솔'보다는 '미'와 '도'의 음성을 사용해 말할 수 있도록 방법을 제시해 줍니다.

손을 쓰며 음성을 조절하라

　제스처는 시각적인 몸짓언어지만, 음성을 조절하는 데도 도움이 됩니다. 어떤 내용을 강조할 때 손바닥과 팔을 뻗어서 말하면 나도 모르게 강조하듯 음성에 악센트를 주게 되거든요. 평소 말할 때 팔을 들고 다양한 제스처를 사용하며 말하는 연습을 하면 부모의 말하기에도 다양한 음역대가 생깁니다.

　어떤 노래를 잘 부르기 위해서는 그 노래를 수십 번 들으며 따라 해야 하는 것처럼, 평소 노래하듯 말하는 양육자의 목소리를 많이 들은 아이는 말할 때 자연스레 그 목소리를 따라 하게 됩니다. 또한 조금 더 말의 멋을 살리기 위해, 다음과 같은 놀이를 따라 하는 것도 도움이 됩니다.

절대음감 놀이

　하나의 어절과 단어 안에서 '도', '미', '솔'을 바로 바꿔 말하는 연습입니다. 순서대로 한 음절씩만 '솔' 음으로 소리를 내는 게임 아시죠? 먼저 이름을 가지고 해보세요.

'김(솔)↗똘(도)↘똘(도)↘'

'김(도)↘똘(솔)↗똘(도)↘'

'김(도)↘똘(도)↘똘(솔)↗'

3음절 이상의 단어들을 가지고 한 음절씩 '솔'과 '도' 사이를 오르락내리락하다 보면 다양한 음역대를 연습하는 데에 도움이 됩니다.

악센트 표시하기

책을 읽거나 발표문이 있다면 중요한 단어 첫 글자에 악센트 표시(ˊ)를 하고 읽어보세요. 그리고 실제로 읽을 때는 손바닥을 펴서 앞으로 찌르는 듯한 제스처를 함께 해보세요. 이렇게 하면 같은 내용의 글이라도 '읽기'에서 '말하기'로 음성적인 표현 방식이 달라집니다.

이런 연습을 꾸준히 하면, 굳이 표시하지 않아도 원고를 보면 자연스럽게 눈에 보이지 않는 악센트 표시가 보이게 됩니다. 자연스럽게 평소 말할 때도 적절한 부분에서 강조하게 되지요.

아낌없이 주는 나무는 소년을 기다렸습니다.
열매도 주고 나뭇가지도 주었지만 소년은 오지 않았습니다.

대화문 책 읽기

대화체가 많은 동화책을 골라 책 안의 대화를 실제로 말하듯이 읽는 훈련을 해봅니다. 실제로 배우들이 촬영을 앞두고 대본을 보며 이렇게 연습한다고 하는데요. 실제 스피치 수업에서도 영화나 드라마의 대본을 일부 차용해서 말하기 연습을 하곤 하죠. 동영상을 보며 배우가 지문의 어느 부분에서 '솔'로 강조해 말했는지, 어미 부분은 어떻게 말하는지 듣고 따라 하는 게 도움이 될 겁니다.

악센트와 음역 표시를 하며 연습을 하다 보면 영혼 없이 말하던 아이들이 자연스럽게 감정 표현을 따라 하게 되는 걸 경험합니다. 이렇게 역할극을 하듯 책을 읽으면 표현력이 좋아질 뿐 아니라 재미있게 말 잘하는 아이가 될 수 있을 거예요.

음성 언어를 돋보이게 하는 시각 언어

"산만해서 그런지 말할 때 자세나 제스처가 정신 사나워요."

"무뚝뚝해서 웃지도 않고 속을 알 수가 없어요."

"긴장하면 옷소매를 만지거나 쓸데없는 행동을 해요."

'스피치'라고 하면 보통 '말하기'에만 집중합니다. 하지만 눈에 보이는 부분도 아주 중요합니다. 스피치 코칭을 할 때 제일 먼저 하는 것이 자세 잡기인데요. 수업 첫 시간엔 아이에게 자기소개를 시킵니다. 그러면 어떤 아이는 몸을 흔들거리며 말하기도 하고, 어떤 아이는 긴장한 탓에 다리를 떨거나 손을 조물조물 움직이기도 합니다. 또 자기소개 내용을 쓴 원고로 얼굴을 가린 채 말하는 아이들도 있습니다.

낯선 상황, 긴장되는 자리에서는 어른도 무의식중에 다양한 습관들이 나옵니다. 긴 머리를 쓸어넘기거나 앞머리를 계속 만지기도 하고, 주머니에 손을 넣었다 뺐다 하는 분들도 있습니다. 초등학교 영재원, 고입, 대입 면접의 경우 긴장한 탓에 앉은 자리에서 허벅지를 쓸어내리며 다림질하는 친구도 있고, 한 손은 무릎 위에 놓고 한 손은 팔락거리며 나름 제스처를 쓰지만 산만해 보이는 친구들도 있습니다.

시선 처리도 아주 중요합니다. 특히 발표할 때 눈을 잘 맞추지 못하는 아이들이 많지요. 긴장한 탓에 딱딱하게 굳은 표정으로 말하는 아이들도 있습니다. 우리 아이가 이런 모습으로 발표하거나 말한다면 부모님이나 어른들은 "똑바로! 바른 자세로!"를 외치며 교정하기를 바랍니다.

하지만 아이들은 그 '똑바로', '바른 자세'가 구체적으로 어떤 것인지, 그리고 왜 해야 하는지 모릅니다. 아무 효과가 없어요. 그래서 하나씩 알려주고 직접 해보고, 그 모습을 스스로 보아야 바른 모습으로 만들어갈 수 있습니다.

Step 3. 스피치 브레인 확장하기

인간의 뇌는 사진을 찍는다

말할 때 시각적인 요소가 왜 중요할까요? 첫인상을 결정하기 때문입니다. 누군가를 처음 만났을 때, 우리의 뇌는 상대방의 모습을 보고 사진 찍듯 기억에 남깁니다. 쉽게 말해 상대방의 외면을 먼저 보는 거죠. 그 뒤에 인사를 나누면서 '이 사람은 인상이 부드럽다', '무섭게 생겼다', '귀엽다' 등등의 이미지를 그립니다. 그리고 그 이미지를 바탕으로 목소리를 들으며 그 사람의 첫인상을 기억하게 되지요.

"그럼 내가 열심히 준비한 원고나 시나리오는 중요하지 않다는 건가?"라고 많이들 물어봅니다. 말의 내용은 중요하지만, 그 내용에 맞는 시각, 청각 표현이 제대로 되지 않으면 내용이 제대로 전달되지 않는다는 의미죠. 사랑한다고 말하는 두 사람을 떠올려 보세요. 무뚝뚝한 표정과 딱딱한 말투로 사랑한다고 말하는 사람이 있는가 하면 손하트를 그리며 애정 어린 목소리로 말하는 사람이 있습니다. 똑같은 말이지만 그걸 듣는 상대방은 확실히 다르게 느낄 겁니다.

대입 면접에 한 학생이 특정 학과에 지원하기 위해 성적, 학교 활동 등 열심히 했던 내용을 준비해왔습니다. 원고만 보면 누구라도 탐나는 인재였지요. 하지만 면접 중 머리를 계속 쓸어

넘기고 다리를 떨면서 턱은 들고 손은 계속 둥글게 둥글게 원을 그리며 말하는 모습을 보니 그 학생의 답변에 집중할 수 없었습니다.

면접관들은 진정성의 깊이를 느끼지 못했습니다. 열심히 준비한 콘텐츠를 인정받지 못하니 안타까운 상황이지요. 말할 때 눈에 보이는 것들은 그 이상을 전달하는 기능을 합니다. 이제부터 진정성 있는 전달을 위한 시각 언어 교정을 알려드리겠습니다. 집에서 아이와 함께 간단히 따라 할 수 있는 방법입니다.

바른 자세

서 있는 자세

발은 11자로 어깨너비만큼 벌립니다. 두 발을 붙여서 서면 무게중심을 받는 면적이 좁아져서 자칫 몸이 흔들거릴 수 있기 때문입니다. 두 다리는 일자로 곧게 뻗고, 허벅지에 무게중심을 둔다 생각하고 서세요.

가슴은 살짝 앞으로 내밀고, 어깨는 뒤로 편 자세가 될 수 있도록 합니다. 이때 턱이 위로 들리지 않게 해주세요. 턱을 목 쪽으로 살짝 당기듯 내리며 청중을 바라봅니다. 팔과 손은 공수 자세

1. 발은 11자로 어깨너비만큼 벌립니다.
2. 두 다리는 일자로 곧게 뻗고, 허벅지에 무게중심을 두어요.
3. 가슴은 살짝 앞으로 내밀고, 어깨는 뒤로 펴고, 턱은 목 쪽으로 가볍게 당겨요.

를 취하는 게 좋은데요. 손을 엉덩이나 허벅지 옆에 두면 몸의 긴장을 더해 말하기에 방해가 될 수 있으니 유의하세요.

앉은 자세

목소리를 제대로 내기 위해서는 앉은 자세도 안정적이어야 합니다. 그러기 위해서는 두 발을 땅에 붙이고 앉아야 하는데요. 아이들은 발이 땅에서 뜨게 되면 다리를 앞뒤로 흔들흔들하며 불안정해보일 수 있습니다. 엉덩이를 의자 앞쪽에 당겨 걸쳐 앉더라도, 땅에서 발이 떨어지지 않는 게 중요해요.

종아리와 허벅지는 기역자(ㄱ), 허벅지와 허리는 니은자(ㄴ)가 되도록 자세를 취합니다. 머리는 키가 커지는 느낌으로 허리를 꼿꼿하게 세우고 어깨는 폅니다. 책상이 있다면 책상 위에 가지런히 손을 모아 올리세요.

말하기에 맞는 표정

말의 내용에 맞는 표정을 지으세요. 주말에 워터파크 다녀온 이야기를 한다면 신나는 표정을 짓겠죠. 엄마에게 혼이 난 얘기를 할 때는 속상한 표정을 짓고요. 이런 표정들은 얼굴 근육의 움

1. 두 발을 땅에 붙이고 앉아요.
2. 종아리와 허벅지는 기역자, 허벅지와 허리는 니은자가 되어요.
3. 키가 커지는 느낌으로 허리를 꼿꼿하게 세우고 어깨를 펴요.

직임에서 나옵니다. 이전에 언급했던 '발음을 잘하기 위한 입 푸는 운동'으로 얼굴 근육을 자주 풀어주세요(174쪽 참고). 평소에도 생동감 있게 말할 수 있도록 연습을 많이 해두는 게 좋습니다.

편안한 제스처

제스처를 쓰면 말의 내용을 보다 효과적으로 정확하게 전달할 수 있습니다. 더불어 청각적인 부분에서도 효과를 볼 수 있지요. 길을 알려주거나 눈에 보이지 않는 것들을 설명할 때, 우리는 습관적으로 손을 이용해 상대방이 잘 이해할 수 있도록 돕습니다. 그런데 이때 제스처를 사용하는 모습도 중요한데요. 겨드랑이 사이에 날달걀을 하나 끼워 넣었다고 생각합니다. 양 팔을 몸에 딱 붙이지 않습니다. 팔 전체를 움직이면서 가슴 반경 안에서 손 제스처를 쓸 수 있도록 해주세요.

그리고 손 모양도 중요합니다. 손끝까지 힘있게 쫙 편 모습으로 손바닥이 청중 또는 발표 화면을 향할 수 있도록 해주세요. 이런 모습만으로도 자신감을 키울 수 있고, 청중과 소통하는 모습을 만들 수 있습니다. 말하고자 하는 포인트에서 앞으로 찌르는 형태로 제스처를 취하면 청각적인 부분에서 언급한 앞 글자

✳ 제스처를 활용해요 ✳

"첫째!"
"꼭 알아야 할 것은!"
"중요합니다."

"여러분!"
"여기를 보세요."
"제안합니다."

"반드시!"
"할 수 있습니다!"
"꼭 하겠습니다."

강조가 자연스럽게 됩니다.

발표할 때만 제스처를 쓰는 것이 아니라 평소 아이들과 대화할 때 조금 더 과장해서 제스처를 쓰는 모습을 자주 보여주세요. 아이들 또한 부모의 그런 모습을 닮습니다. 그런 아이들은 설명 잘하는 아이, 말 잘하는 아이라는 칭찬을 듣게 되겠죠.

자연스러운 시선

말할 때 듣는 사람의 눈을 보는 이유는 상대방이 잘 듣고 있는지를 파악하기 위해서입니다. 가장 좋은 시선 처리는 상대방의 눈을 바라보는 것이겠죠. 만약 그 대상이 여러 사람이라면 골고루 바라봐주세요. 만약 눈을 쳐다보는 것을 힘들어하거나, 너무 긴장한다면 카메라 렌즈 보는 연습을 해보길 추천합니다.

핸드폰이나 캠코더를 켜놓고 말하는 것은 1,000명 앞에서의 긴장감과 같다고 할 수 있습니다. 이 연습을 반복하면 긴장을 완화할 수 있습니다. 한 수강생도 사람들 앞에서 눈 맞추는 것을 힘들어해서 자꾸 원고만 보거나 천장을 보는 습관이 있었는데요. 카메라에 시선을 고정하는 연습을 꾸준히 하다 보니 사람의 눈을 바라보는 두려움이 사라졌다고 했습니다.

원고가 있는 발표라면 어절 또는 문장 단위로 끊어 앞을 보는 연습을 합니다. 원고를 다 외울 수는 없으니까요. 제가 코칭할 때에는 아이들의 원고에 직접 표시하며 시선 처리를 훈련하는데요. 종결어미 뒤 온점 옆에 눈 모양을 그려주며 중간중간 청중을 바라볼 수 있도록 해주세요. 시각 언어를 쉽게 터득하기 위해선, 다음과 같은 놀이를 따라 하면 도움이 될 것입니다.

표정 맞추기 게임

요즘 핸드폰 메신저에는 다양한 이모티콘이 존재합니다. 이 이모티콘을 종이에 출력해서 단어 카드처럼 만들어보세요. 이 카드들을 책상 위에 뒤집어놓고 문제 내는 사람이 카드에 그려진 표정을 상대방에게 보여준 뒤 맞추는 게임입니다. 아이들 연령에 따라 너무 많은 감정을 세밀하게 표현하기에는 무리가 될 수 있으니, 시중에 파는 감정 카드를 참고하는 것도 도움이 됩니다.

여기에서 더 나아가자면, 아이가 실제로 말할 때 적용할 수 있도록 최근의 경험을 떠올려 이야기를 나누는 시간을 갖습니다. 예를 들어 엄마가 문제를 내면서 활짝 웃었다면, 기쁨, 신남, 행복 등 감정 단어가 나올 수 있도록 하고, 그런 경험이 있었는지 묻습

6. 기억에 남는 말하기 전략

니다. 이때 아이가 엄마의 그 표정들을 담아 이야기할 수 있도록 표정 리액션을 같이 해주면 매우 효과적인 놀이가 되겠네요.

몸으로 말해요 – 단어편

집에 하나쯤은 있는 단어 카드를 활용합니다. 단어 카드에 적힌 사물을 몸으로만 표현하여 아이가 맞추도록 해주세요. 우선 두 글자라고 알려주고 제시어가 '토끼'라면 두 손을 머리 위에 얹고 깡충깡충 표현을, '사과'라면 동그란 모양을 그리듯 보여주고 한 입 베어 무는 행동으로 힌트를 줍니다.

마지막까지 못 맞춘다면 입 모양으로 힌트를 주면 되는데요. 한 아이당 90~100초 정도의 시간을 주고, 그 시간 안에 누가 가장 문제를 잘 내는가를 평가합니다. 처음에는 3개만 성공할 정도로 어려워하던 아이들도 방법을 익힐수록 재밌어해서 나중에는 10~20개도 거뜬히 하게 됩니다.

이 과정에서 아이들은 상대방의 배경지식을 파악하여 포인트를 짚어서 행동 힌트를 주는데 이 과정에서 '공감 능력'을 키울 수 있습니다. 사물의 특징을 몸으로 표현하는 과정에서 몸짓언어, 즉 제스처의 다양한 표현 방법을 익힐 수 있습니다.

몸으로 말해요 - 문장편

　　단어가 익숙해진다면 문장으로 확장할 수 있습니다. 문장을 몸으로 표현하려면 속담을 사용하는 게 가장 좋은데요. 속담 안에는 비유법이 녹아들어 다양한 사물이 등장하고, 동사 표현의 제스처인 시각 언어를 익힐 수 있습니다.

　　보통 초등학교 5학년 이상 아이들은 학교에서 속담을 배우기 때문에, 학교에서 배우는 속담 위주로 문제 카드를 만들어주세요. '말', '행동', '습관' 등 주제별로 묶어서 범위를 좁혀야 아이들이 쉽게 문제를 내거나 맞출 수 있습니다. "까마귀 날자 배 떨어진다."를 문제로 낸다고 하면 날아가는 새의 날개를 팔로 표현한 뒤 동그란 배가 떨어지는 행동을 하는 것이죠. 그리고 시간이 다 된 후에 그 뜻에 대해 이야기를 나누면 어휘력과 표현력을 확장할 수 있습니다.

스피치 브레인 코칭의
성공 사례

너무 솔직하게 말하는 아이

"죄송합니다. 그런 뜻이 아니에요."

희주 어머님은 최근 들어 아이와 다니는 곳에서 이런 말을 거듭하는 게 고민입니다. 초등학교 2학년인 희주는 뭐든 똑 부러지게 말하는 친구지만, 너무 솔직하게 말하다 보니 친구들에게 상처를 주고, 어른들에게 오해를 사기도 했습니다.

나쁜 의도로 한 말은 아니지만, 듣는 사람은 충분히 기분 나쁘고 오해를 살 만한 말들이 수시로 나오다 보니 희주 어머님은 "이런 것도 고쳐주나요?"라며 학원을 찾아왔습니다. 우선 소통하기 위한 말하기는 그 중심이 말하는 사람이 아닌 듣는 사람이어야 한다는 방향으로 코칭하며, 실제 희주의 그런 말을 들었을 때 상대방이 어떻게 생각하는지 솔직하게 감정을 표현할 수 있도록 했습니다.

희주가 다른 친구의 필통을 가리키며 "난 저 캐릭터 싫던데." 라고 말했습니다. 필통의 주인인 친구는 기분이 나빴겠죠. 그 친구에게 물었습니다.

"이런 말을 들으니 기분이 어때?"
"기분이 안 좋아요. 희주가 마치 제 필통을 버릴 것 같아요."
"희주야, 친구의 기분을 들어보니 어떠니?"

희주는 오히려 당황했습니다. 이후로도 희주가 상대방을 배려하지 않고 말할 때면, 상황을 정리하며 상대방의 생각을 들려주었습니다. 물론 희주가 어떤 의도로 말했는지를 묻고 다른 표현 방법들을 알려줬습니다.

"희주가 착해졌어요." 고민 많던 희주 어머니의 얼굴에 근심이 싹 가셨습니다. 이 과정을 반복했더니 희주는 이제 말하기 전에 상대방의 기분을 생각하는 것이 습관이 되어 꼭 해야 할 말만 하거나, 상대방이 편안하게 들을 수 있는 단어와 문장으로 말을 하게 되었습니다.

스피치 브레인 코칭의 성공 사례

유난히 목소리가 작았던 아이

정민이는 학교에서 목소리가 작은 아이로 유명했습니다. 같이 온 아이가 정민이를 소개할 때 전교에서 가장 목소리 작은 친구라고 할 정도였어요. 정민이 어머님도 평소 조곤조곤 속삭이듯 말씀하셔서 큰 목소리가 익숙하지 않았던 것이죠.

첫 수업 때 정민이 어머님은 걱정을 한가득 안고 대기실에서 아이를 기다렸습니다. 혹시라도 아이가 수업을 부담스러워하면 무리하게 시키고 싶지 않으니 언제라도 데려가야 할 상황을 대비해 기다린다고 하셨죠.

정민이는 목소리를 크게 내고 싶지만, 큰 목소리를 내면 스스로 깜짝 놀란다고 했습니다. 우선 거울 속 모습을 보여주며 목소리를 크게 내도 아무 일도 일어나지 않는다는 것을 확인시켜주었습니다. 그리고 발성 연습을 해야 하는 이유를 설명했죠. 상대방에게 목소리가 잘 들리지 않으면, 소통 자체가 되지 않으니 서로 답답하고 속상한 상황이 반복된다고 말이죠. 원활한 의사소통을 위해서 적당하게 큰 목소리는 아주 중요합니다.

정민이는 본격적인 훈련에 들어갔습니다. 복식호흡으로 목소리를 크게 내고 1~5단계까지의 목소리가 어떤 상황에서 필요한지 구분해주며, 목소리의 크기를 조절해서 낼 수 있도록 했습니다. 물론 곧바로 2단계 이상의 목소리가 나오진 않았습니다. 계속해서 거울 속 자신의 모습을 보게 하고, 용기를 불어넣어 주었습니다. 얼마 지나지 않아 정민이는 스스로 낸 목소리에 놀랐습니다. 태어나서 처음 들어보는 자신의 목소리 크기에 신기해했죠. 대기실에 있던 정민이 어머님께서는 눈물을 글썽이셨습니다. 아이와 다른 공간에서 벽 너머로 목소리를 들어본 게 처음이라고 하시며, 교실에서 해맑게 나오는 아이를 맞아 주었습니다.

그 후로 2년간 수업을 들은 정민이는 학원에서 개최하는 말하기 대회에서 수상할 정도로 자신감을 키우게 되었고, 스승의 날에는 학생 대표로 선생님께 영상 편지를 선물할 정도로 자신감이 생겼습니다.

스피치 브레인 코칭의 성공 사례

쉰 목소리를 교정한 아이

초등학교 5학년 민성이는 반에서 회장도 하고, 친구들 앞에 잘 나서는 친구였습니다. 하지만 어느 순간 민성이가 말할 때마다 친구들이 웃으며 놀리기 시작했습니다. 민성이는 쉰 목소리를 가지고 있었거든요. 목소리를 크게 내기 위해 목을 뻗으면서 마치 거북이처럼 상체가 위로 뒤틀려 올라가기도 했습니다. 친구들 눈에는 그 모습이 웃겨 보였나 봅니다.

가장 심각한 것은 아이의 쉰 목소리였습니다. 어릴 때부터 축구를 좋아했고, 소리를 지르는 습관이 굳어져 목소리가 쉬었다고 민성이 어머님은 말씀하셨습니다. 우선 이비인후과를 권유했

부록1

고, 아데노이드 비대 판정을 받았습니다. 하지만 수술로 좋아진다고 해도 발성 습관은 교정이 필요했죠.

수년간 내던 목소리 습관을 단번에 바꾸기란 쉽지 않습니다. 하지만 민성이도 의지를 갖고 성대를 무리하게 쓰지 않으려 노력했습니다. 복식호흡 발성법을 익히며 맑은 목소리를 찾아가기 시작했고, 그 과정에서 거북이처럼 목을 위로 빼내는 습관도 고칠 수 있었습니다. 말할 때 내 모습은 어떤지, 목소리를 어떻게 내야 편안하게 말할 수 있고, 안정적으로 보이는지를 연습했습니다. 그 결과 의기소침했던 민성이는 자신의 변화에 뿌듯해하며 자신감을 되찾았습니다.

설소대가 짧아 대화가 힘들던 아이

소민이는 이제 7세 반에 들어가는 아이입니다. 사람들에게 밝은 표정으로 먼저 다가가는 적극적인 모습이 너무나 사랑스러웠죠. 하지만 호기심이 가득한 눈을 반짝이며 "헝행님, 애가 대일 호하하는 게임은 오히 게임이에요(선생님, 제가 제일 좋아하는 게임은 오리 게임이에요)."라고 얘기하는데, 처음엔 도대체 무슨 얘기를 하는지 이해할 수가 없었습니다.

주변에선 초등학교에 들어가면 나아질 거라고 조금 기다려 보라고 했지만, 워킹맘인 엄마 대신 소민이를 돌봐주시는 외할머니가 너무 답답해하셨습니다. 우선 설소대가 짧은지를 보기 위해

부록 1

혓바닥을 아래로 내밀게 했습니다. 다행히 수술이 시급한 정도는 아니지만, 설소대가 짧아서 'ㄴ, ㄷ, ㄹ, ㅅ, ㅈ, ㅊ' 발음이 안 되고 있다는 것을 알 수 있었습니다.

　각 자음 발음에 맞는 조음점을 정확하게 알려주고, 손가락 끝을 소민이의 입천장에 갖다 대며 각각의 조음 위치를 알려주었습니다. 또한 혀끝 스트레칭 등을 꾸준히 연습했습니다. 단시간에 고치긴 어려웠지만, 완벽한 발음까지는 아니어도 소통에 지장이 없는 아이로 변하여 씩씩하게 초등학교에 입학했습니다.

스피치 브레인 코칭의 성공 사례

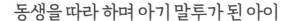

동생을 따라 하며 아기 말투가 된 아이

어머님 손을 잡고 아장아장 걷는 아기가 들어오고, 그 옆에는 남자 어린이가 있었습니다. 초등학교 2학년 재민이였는데요. 재민이 어머님은 재민이의 발표 능력을 키워주고 싶다고 하셨지만, 상담을 더 진행하면서 "아직도 아이처럼 말하고 혀짧은 소리를 내요."라고 진짜 고민을 털어놓으셨습니다.

재민이에게 몇 마디 말을 걸어보니 "~했떠요.", "시더요."라는 말투가 반복됐습니다. 이런 경우 동생이 생기면서 보이는 퇴행 중 하나의 형태라고 볼 수 있습니다. '나도 동생처럼 말하면 엄마가 나를 한 번 더 봐줄까?' 하는 심리에서 아기 말투를 따라 하게 되는 것이죠. 설소대나 조음기관의 문제가 없는 경우라면 이런 배경으로 인해 혀짧은 소리를 내는 경우가 많습니다.

또래 친구들이 어떻게 말하는지 알려주며 자연스러운 말하기 훈련을 들어갔습니다. 그리고 재민이가 말하는 장면을 직접 찍어서 보여줬죠.

"동생처럼 말하고 있으니 저도 아기 같아요."

재민이가 평소 자신의 모습을 영상으로 본 뒤 처음 한 말입니다. 그런 뒤 뉴스 원고와 연설문 등으로 읽고 말하기 교정을 하니 금세 초등학생다운 말투로 돌아왔습니다.

재민이 어머님께는 재민이와 둘만의 시간을 가지며, 엄마의 사랑을 듬뿍 받고 있다고 느낄 수 있도록 하라고 말씀드렸습니다. 6개월 정도 이런 시간을 갖고 난 뒤 재민이는 한층 더 성숙해졌습니다. 반에서는 회장도 맡게 되고, 친구들 사이에서도 리더가 되어 이끌어나가는 아이로 자랐지요.

스피치 브레인 코칭의 성공 사례

말하는 내내 꼼지락거리는 아이

학원을 찾은 준서는 곧 초등학교 입학을 앞두고 있었습니다. 발표 때문에 준서 할아버지께서 고민이 많았죠. 자기소개를 시키니 30초 동안 발바닥을 땅에 떼었다 붙였다, 손은 꼼지락꼼지락, 몸은 흔들흔들, 시선은 천장을 향했습니다. 녹화된 영상을 함께 본 준서가 부끄러워하며 물었습니다. "선생님, 저 왜 저렇게 많이 움직여요?"

사람들 앞에서 말할 때 발, 다리, 몸통, 손, 시선을 어디 두어야 하는지 알려줬습니다. 준서는 수업을 거듭하면서 점점 안정적인 자세로 바뀌었습니다. 하지만 여전히 조금이라도 긴장하거나 발표 내용이 길어지면 예전의 습관이 바로 나왔지요. 심화 과정에 들어가서는 손 제스처를 배우며 말하는 동안 나오는 불필요한 습관을 줄일 수 있도록 했습니다. 8개월쯤 지났을 때 준서는 가족과 함께 서해안으로 여행을 다녀왔고, 그때의 사진들을 보여주며 프레젠테이션을 진행했습니다. 녹화에 들어가기 전 발 위치 잡고 손 제스처, 시선 등을 체크하며 매우 안정적인 자세로 발표를 했습니다. 아주 완벽한 발표였지요.

너무나 기특해서 하나하나 요소별로 칭찬해주었고, 준서 할아버지께도 바로 영상을 보여드렸습니다. 마치 어른이 회사에서 프레젠테이션하는 것 같다며 함박웃음을 지으셨지요.

스피치 브레인 코칭의 성공 사례

하고 싶은 말이 너무 많은 아이

"선생님, 제가 인내심이 부족한 걸까요? 아이가 학교에서 있었던 일을 얘기하는데 말이 너무 길어지니까 답답해 미치겠어요. 그래도 끝까지 들어주어야 하는 거죠?" 지후 어머님은 답답한 듯 얘기하셨습니다. 네, 일단 끝까지 들어주어야 하는 게 맞습니다. 하지만 매번 그렇게 들어줄 수는 없지요. 질문하면서 정말 하고 싶은 말이 무엇인지 스스로 정리할 수 있도록 도와주세요.

지후는 "오늘 애들이랑 마라탕 먹고 인생네컷 찍으면서 놀았어! 방학 동안 못 봤던 친구들하고 노니까 너무 좋았어!"라는 말이 하고 싶었습니다. 하지만 막상 대화를 시작하니 오늘 아정이는 무슨 옷을 입었고, 현서는 중간에 버스를 잘못 타서 30분이나 늦게 왔고, 마라탕을 먹을 때 재료는 무엇무엇을 넣었으며, 인생 네컷은 4,000원이라 1,500원씩 내고 남은 500원은 껌을 사 먹었다는 것까지 이야기가 길어집니다.

지후는 수업에서도 말을 늘어지게 합니다. 수업 시작이 늦어질 정도였지요. 이때 아이가 말을 시작하면 "뭘 했던 거야?", "어디서 했어?", "누구랑?", "그래서 어땠어?"라며 맞장구를 쳐주었습니다. 그러면 아이는 다른 얘기로 빠지려던 것을 그만두고, 그 질문에 대답하며 이야기의 중심을 잡게 됩니다. 그런 뒤 마지막에는 "지금까지 얘기한 것을 한 문장으로 정리해서 말해 볼까?"라고 제안합니다.

이 과정에서 지후는 머릿속에 한가득 떠오르던 이야기들을 정리할 수 있게 됐습니다. 이런 연습이 반복되면, 이야기를 시작하기 전 '언제, 어디서, 누가, 무엇을, 어떻게, 왜'라는 '질문에 대답하는 형식'으로 말을 하게 되고, 전두엽의 우선순위 기능이 작동하며 불필요한 말을 줄이게 됩니다.

정리하는 말하기를 할 줄 알게 된 지후는 다른 친구들이 긴 이야기를 시작하려 하면, "그거 말고 아까 하던 얘기에서 선생님하고 갔던 게 언제야? 어디로 갔어?" 이렇게 요점을 정리해주며 간결하게 말할 수 있도록 도와주는 아이로 성장했습니다.

스피치 브레인 코칭의 성공 사례

말싸움 대신 토론을 시작한 아이

초등학교 3학년 재민이가 스피치 학원을 찾아왔습니다. 재민이 어머님은 아이가 늘 시큰둥하다는 게 고민이라고 토로했어요. 뭘 물어봐도 "몰라요.", "좋아요.", "됐어요.", "아니에요."의 4가지 대답만 한다는 거죠. 아이는 스피치 수업을 통해 '생각하고 말하기' 훈련을 꾸준히 했습니다. 무대에 적응하고, 자기 생각을 자신 있게 말하는 방법을 점차 터득하기 시작했어요.

수업한 지 1년이 채 지나지 않았을 때, 재민이 어머님이 영상을 보냈습니다. 아이가 종이를 들고 재민이 어머님 앞에 선 모습이었는데요. 아이는 이렇게 말하고 있었어요.

"저의 스마트폰 사용 시간에 대해 토의하고 싶습니다. 저는 평일 2시간, 주말 4시간씩 스마트폰 사용을 허락해주실 것을 요청합니다. 왜냐하면 첫째, 학원과 공부로 힘든 평일에는 쉬는 시간이 필요합니다. 둘째, 주말에는 친구들과 게임에서 만나야 놀 수 있기 때문입니다. 셋째, 이렇게 해야 신이 나서 공부를 더 잘할 수 있기 때문입니다."

결국 재민이 어머님은 스마트폰 사용 시간과 아이가 지켜야 할 것들에 대해 토의한 끝에, 새로운 규칙을 정하고 스마트폰으로 인한 갈등이 줄었다고 했습니다. 아이가 자기 생각과 의견을 논리적으로 말하는 모습에 놀란 것은 물론이고요.

스피치 브레인 코칭의 성공 사례

부록 2

스피치 브레인 코칭의
실전 개요표

💬 말하기 6단계 개요표

2장 '하버드생처럼 사고하고 전달하기'에서 설명했던 '말하기 6단계'의 개요표를 작성해봅니다. 아이가 작성하기 어려워한다면, 본문 69쪽을 참고하세요.

순서	준비 항목	훈련하기
1	계획	
2	조직화	
3	우선순위	
4	상세화	
5	응용	
6	모니터링	

💬 회장 선거 연설 개요표

4장 '영재원, 특목고 진학을 위한 초등 말하기'에서 설명했던 '회장 선거 연설문'의 개요표를 작성해봅니다. 아이가 작성하기 어려워한다면, 본문 139~140쪽을 참고하세요.

순서	항목	원고
1	자기소개	
2	출마 이유	
3	공약	
4	각오	

🗨 프레젠테이션 준비 개요표

4장 '영재원, 특목고 진학을 위한 초등 말하기'에서 설명했던 '프레젠테이션 준비'의 개요표를 작성해봅니다. 아이가 작성하기 어려워한다면, 오른쪽 페이지의 예시를 참고하세요.

순서	해당 페이지 주제	원고(키워드 중심)
들어가며		
1		
2		
3		
마치며		

🗨 프레젠테이션 준비 개요표 예시

4장 '영재원, 특목고 진학을 위한 초등 말하기'에서 설명했던 '프레젠테이션 준비'의 개요표 예시입니다. 참고하여 개요표를 작성해보세요.

순서	해당 페이지 주제	원고(키워드 중심)
들어가며	우리나라 지도	인사 명절 앞두고 고향 방문 겸 여행 금강산도 식후경 지역별 맛있는 간식 소개
1	속초 닭강정	속초 닭강정 맛 유명한 브랜드 꼭 챙겨야 할 것
2	천안 호두과자	천안의 명물 호두과자 호두나무의 역사와 유래 맛 호두의 양
3	경주 황남빵	황남빵이 유명한 이유 황남빵의 모양과 맛 황남빵, 경주빵 등 다양한 종류 소개
마치며	자동차 사진	우리 집의 고향, 여행지 등 방문지 유명한 간식 찾는 여행 마무리 인사

말이 맛있어지면 마음도 열립니다

되돌아 생각하니 '소통하는 사람'이 되려고 무던히 노력했던 것 같습니다. 방송할 땐 '이 방송을 듣는 사람들은 지금 무엇을 할까?'를 생각했고, 지금은 '아이가 바라는 것은 무엇일까?', '부모는 어떤 마음일까?'를 생각하며 수업에 들어갑니다. 이 책은 그런 저의 마음을 담아, 부모가 우리 아이에 대해 알아가며 소통하는 법을 함께 배워갈 수 있도록 만들었습니다.

그러니 "내가 말을 잘하지 못해서 아이도 부진한 걸까?"라고 죄책감 느끼지 않았으면 좋겠습니다. 누구나 다 처음이잖아요. 처음부터 잘할 수는 없습니다. 더 나은 부모가 되기 위해 이 책을 집었을 테니까요. 오늘부터 도전하세요. 아이에게 성공하는 경험을 쌓아주세요. 스피치 브레인을 깨워주세요. 뭐든지 할 수 있다고 생각하게 해주는 겁니다.

맛있는 음식을 먹으면 기분이 좋아지듯, 아이가 말할 때 스트레스받지 않고 기분 좋은 대화를 하도록 해주세요. 맛집에 사람이 많이 모이는 것처럼 말을 맛있게 하면 주변에 사람이 많아집니다.

《스피치 브레인》은 〈중앙일보〉 hello! Parents에 기고한 칼럼 '이운정 원장의 슬기로운 말하기 교실'에서 시작됐습니다. 10년간 쌓아온 스피치 교육 노하우를 발굴해 이 칼럼을 기획, 제작까지 도와준 〈중앙일보〉 hello! Parents팀과 이민정 기자, 성소영 기자에게 감사를 전합니다. 또한 이런 경험을 맛있는 스피치로 만들어 갈 수 있게 해주신 아나운서(주) 김현욱 대표님, 아이들의 긍정적인 변화에 함께하는 맛있는 스피치의 실장님과 선생님들, 스피치 전문가 이전에 '부모'에 대해 생각하고 배울 수 있게 해주신 EBS 〈부모〉 제작진, 출연진분들, 스피치 코칭을 뇌과학으로 풀어갈 수 있도록 도와주신 노규식 박사님께도 감사드립니다.

마지막으로 소통을 직접 경험할 수 있게 해준 부모님과 남편, 그리고 엄마의 믿음대로 따라와 준 우리 승환이와 지환이에게 고맙습니다.

말이 맛있어지면 마음도 열립니다

스피치 브레인

2023년 4월 12일 초판 1쇄 발행

지은이 이운정
펴낸이 박시형, 최세현

책임편집 류지혜 **디자인** 정아연
마케팅 양봉호, 양근모, 권금숙, 이주형 **온라인홍보팀** 현나래, 신하은, 정문희
디지털콘텐츠 김명래, 최은정, 김혜정 **해외기획** 우정민, 배혜림
경영지원 홍성택, 김현우, 강신우 **제작** 이진영
펴낸곳 (주)쌤앤파커스 **출판신고** 2006년 9월 25일 제406-2006-000210호
주소 서울시 마포구 월드컵북로 396 누리꿈스퀘어 비즈니스타워 18층
전화 02-6712-9800 **팩스** 02-6712-9810 **이메일** info@smpk.kr

쌤앤파커스(Sam&Parkers)는 독자 여러분의 책에 관한 아이디어와 원고 투고를 설레는 마음으로 기다리고 있습니다. 책으로 엮기를 원하는 아이디어가 있으신 분은 이메일 book@smpk.kr로 간단한 개요와 취지, 연락처 등을 보내주세요. 머뭇거리지 말고 문을 두드리세요. 길이 열립니다.